蒙田影响人一生的9大人生智慧

蒙田的《随笔》问世400多年来，先后被译成几十种文字，读者遍布全球。无论年龄层次，无论教育背景，无论文化差异，几乎每个读者都能从中寻找到精神的共鸣。

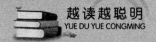
蒙田影响人一生的 9大人生智慧

简澹 编著

研究出版社

图书在版编目（CIP）数据

蒙田影响人一生的9大人生智慧 / 简澹编著.
— 北京：研究出版社，2013.4（2021.8重印）
（越读越聪明）
ISBN 978-7-80168-803-3

Ⅰ.①蒙…

Ⅱ.①简…

Ⅲ.①人生哲学−青年读物②人生哲学−少年读物

Ⅳ.①B821−49

中国版本图书馆CIP数据核字（2013）第083356号

责任编辑：傅旭清　　责任校对：张璐

出版发行：研究出版社
　　　　　地　址：北京1723信箱（100017）
　　　　　电　话：010−63097512（总编室）　010−64042001（发行部）
　　　　　网址：www.yjcbs.com　E−mail：yjcbsfxb@126.com
经　　销：新华书店
印　　刷：北京一鑫印务有限公司
版　　次：2013年6月第1版　　2021年8月第2次印刷
规　　格：710毫米×990毫米　1/16
印　　张：14
字　　数：185千字
书　　号：ISBN 978−7−80168−803−3
定　　价：38.00元

前　言

蒙田（1533—1592），法国文艺复兴运动的代表人物，著名的散文家和人文主义者，以《随笔》三卷留名后世。在书中，蒙田以一个智者的眼光，观察和思考大千世界的芸芸众生，对许多人类共有的思想感情，提出了自己独到的，有时似乎是奇特的见解，给人以深思和反省。《随笔》问世400多年来，先后被译成几十种文字，读者遍布全球。无论年龄层次，无论教育背景，无论文化差异，几乎每个读者都能从中寻找到精神的共鸣。可以说，蒙田虽然生活在16世纪，却是19世纪、20世纪、21世纪的"当代人"。

福楼拜曾向心情抑郁的朋友推荐说："读蒙田吧，他能使你平静。"尼采认为，正因为有了蒙田的写作，活在这世上的乐趣才增加了。蒙田不认识莎士比亚，但莎士比亚却受到蒙田的深远影响，正是蒙田"揭去事物和人的假面具"、重新审视一切的精神，被他用到了作品中去。我国的钱钟书先生在《围城》中也借用了蒙田"婚姻好比金漆的鸟笼，笼外的鸟拼命想冲进去，笼内的鸟拼命想飞出来"的生动表述，并由此提炼出小说的创作主旨。

伏尔泰说："为了摆脱目前的情感状态，为了恢复我们判断力的清醒和平衡，让我们每晚都读一页蒙田吧。"然而《随笔》三卷卷帙浩繁，数十万字，全部读完需花费不少时间。为了让青少年更方便快捷地汲取蒙田的智慧营养，我们编纂了这本《蒙田影响人一生的9大人生智慧》。

我们通览蒙田《随笔》三卷，根据青少年的知识储备和认知发展，从中归纳出9大人生智慧："认识自己，完善自我"；"学会学习，掌握成才主动权"；"扔掉坏习惯，让自己更出色"；"坚持美德，优秀其实很简单"；"拒绝消极情绪，培养积极心态"；"区分轻重，做事效率更高"；"行事有度，结果更完美"；"待人接物，谨慎呵护人缘好"；"拆掉思维里的'墙'，天下没有纯一事"。在具体内容上，我们从蒙田《随笔》中精挑细选，摘取富含丰富哲理性、思想性、启发性的语句，通过短小有趣的故事，联系青少年的实际生活，对其进行阐释。全书语言通俗，加上有趣的小故事，使得全书兼具思想性和可读性，让小读者在轻松的阅读中，汲取蒙田的智慧闪光点，从而更好地认识自己，认识他人，认识社会，指导现实生活。

如何正确认识自己，如何消除消极情绪，如何改掉坏习惯，如何提高做事效率，如何收获好人缘，让我们跟随蒙田这位智者的脚步，一探究竟吧。

目 录
CONTENTS

第六章 区分轻重，做事效率更高

第七章 行事有度，结果更完美

第八章 待人接物，谨慎呵护人缘好

第九章 拆掉思维里的"墙",天下没有纯一事

第一章
认识自己，完善自我

"思考自己"

> 如果世人抱怨我过多谈论自己，我则抱怨世人竟然不去思考自己。
>
> ——摘自蒙田《随笔·论悔恨》

蒙田认为，一个人应该多些思考自己。那么，什么是思考自己？

蒙田说："我根据别人的看法来约束我的行动，但根据自己的看法来扩展我的行动。只有你自己才知道自己胆小还是残酷，忠心还是虔诚；别人看不透你；他们只是用不确定的假设来对你猜测；他们看得多的是你的表现，不是你的本性。因此不要在乎他们的判决，而在乎你自己的判决。"

思考自己就是从自我开始，然后试着走出自我，也就是从客观的视角观察自己、反思自己，或者说试着从别人的视角审视自己，这时你就能发现很多你以前未曾发现的你自己的优点和不足。最后再回到自己，根据反思的结果调节自己，自我思考就完成了。

蒙田倡导人要思考自己，而他的确也是这样做的，他的随笔集就全部是在剖析自己，是对自己的认识的总汇。蒙田说："不要在事情的外在品质上找借口，责任在于我们本身。我们的善与恶也全在于我们自己。……命运对我们的品行是毫无作用的。相反我们的品行会影响命运，会塑造命运。"人只有在不断的自我思考中，才会获得源源不断的进步。

一位年轻人去看医生，抱怨生活无趣和永无休止的工作压力，心灵好像已经麻木了。诊断后，医生证明他身体毫无问题，却觉察到他内心深处有问题。

医生问年轻人："你最喜欢哪个地方？"

"不知道！"

"小时候你最喜欢做什么事？"医生接着问。

"我最喜欢海边。"年轻人回答。

医生于是说："拿这三个处方，到海边去，你必须在早上9点、中午12点和下午3点这三个时间分别打开这三个处方。你必须同意遵照处方，除非时间到了，不得打开。"

这位年轻人身心俱疲地拿着处方来到了海边。他抵达时刚好接近9点，独自一人，没有收音机、电话。他赶紧打开处方，上面写道："专心倾听。"他开始用耳朵去倾听，不久就听到以往从未听见的声音。他听到波浪声，听到不同的海鸟叫声，听到沙蟹的爬动，甚至听到海风低诉。一个崭新、令人迷恋的世界向他展开双手，让他整个安静下来，他开始沉思、放松。

中午时分他已陶醉其中。中午时分，已陶醉于倾听之中的他很不情愿地打开第二个处方，上面写道："回想。"于是他回想起儿时在海滨嬉戏，与家人一起拾贝壳的情景……怀旧之情汩汩而来。近3点时，他正沉醉在尘封的往事中，温暖与喜悦的感受，使他不愿去打开最后一张处方。但他还是拆开了。

"回顾你的动机。"

这是最困难的部分，亦是整个"治疗"的重心。他开始反省，浏览生活工作中的每件事、每一状况、每一个人。他很痛苦地发现他很自私，他从未超越自我，从未认同更高尚的目标、更纯正的动机。他发现了造成疲倦、无聊、空虚、压力的原因。

美国哈佛大学教授皮鲁克斯在《思考人生》一书所说："在这个世界上，每个人都会面临各种各样的十字路口，但最令人困惑的是思考的'十字路口'，不彻底明白这个问题，任何行动可能都带有盲目性，更谈不上什么冲破人生难关了。"对于任何一个试图冲破人生难关的人而言，首先最需要的是他必须重新思考自己，思考人生的"十字路口"，就如故事中的年轻人一样，当他开始思考自己的时候，他终于找到了造成自己如今困境的根本原因。

思考自己的方法很多，最主要的是自省。古代的曾子是最善于自省的人，他曾说："吾日三省吾身：为人谋而不忠乎？与朋友交而不信乎？传不习乎？"每天都反省自己，才能及时发现自己的问题，及时调整努力的方向。可惜我们很多人没有养成这样的习惯，结果白白浪费掉许多时光。

那么，我们应该怎样培养自省的习惯呢？

培养自省的习惯，首先得抛弃那种"只知责人，不知责己"的劣性习惯。当面对问题时，不要说："这不是我的错。""我不是故意的。""本来不是这样的，都怪……"要善于从自己身上找原因，不要一味抱怨别人。下面这个故事就体现了遇到问题先从自己身上找原因的重要性。

一个乐于帮助别人的青年遇到了困难，想起自己平时帮助过很多朋友，于是他去向朋友们求助。然而，对于他的困难，朋友们全都视而不见、听而不闻。他怒气冲冲，他的愤怒这样激烈，以至于无法排遣，百般无奈，他去找一位智者。

智者说："助人是好事，然而你却把好事做成了坏事。"

"为什么这么说呢？"他大惑不解。

智者说："首先，你开始就缺乏识人之明，那些没有感恩之心的人是不值得帮助的，你却不分青红皂白去帮助，这是你的眼拙；其次，你手拙，假如在帮助他们的同时也培养他们的感恩之心，不至于让他们觉得你对他们的帮助是天经地义的，事情也许不会发展到这步田地，可是你没有这样做；最后，你心浊，在帮助他人时候，应该怀着一颗平常的心，不要时时觉得自己在行善，觉得自己在物质和道德上都优越于他人，你应该只想着自己是在做一件力所能及的小事。比起更富者，你是穷人；比起更善者，你是凡人。不要觉得你帮助了别人，就要归功于自己。"

青年听了智者的话后，心里的气顿时消了，他不再觉得委屈难受。

在问题面前能够先看到自己的错误，不把责任都推给别人，这样我们就不会产生怨气，不会产生苦闷。这是自省带给我们的好处，会让我们爱上自省的习惯。

培养自省的习惯，还要有"自知之明"，全面地认识自己，既要看到自己的长处，也要正视自己的不足，做到扬长避短，发挥自身优势，不断提高自己。

刘枫被选为班干部了，这本来是件值得高兴的事，但是没过几天，刘枫却沮丧地对父母说："我不想当班干部了！"原来刘枫在当上班干部后，需要管理全班同学，许多同学对他表示不服，老是喜欢捉弄他。有时候，老师在不明真相的情况下，还会误会刘枫，这让刘枫觉得特别委屈。

刘枫愤愤地说："做班干部真是吃力不讨好，我每天牺牲了那么多的休息时间，处处以身作则，凡事总是吃亏，还得不到同学们的理解！"

妈妈了解原因后对刘枫说："孩子，既然你已经做得很好了，为什么其他同学会不服你呢？是不是你有了骄傲的情绪？或者你冷落了同学？还是你在学习方面没搞好？或者你在处理同学之间的问题时没有注意方法和态度？"妈妈耐心地开导刘枫。

刘枫在妈妈的引导下开始反省自己，经过深刻地反思，他才意识到自己做事太认真以至于古板，当了班干部以后，不像以前那样和同学一起玩了，总是把自己当成班干部去管其他同学，因此其他同学很不满意自己的态度。

可见，即使意识到错误是自己造成的，还要认真思考，自我反省错误产生的原因，才会知道自己究竟错在了什么地方，自己究竟为什么会错。举个简单的例子，很多人对自己的错误，常认为是粗心造成的，认为以后只要细心一点就可以了。可他们常常还会出现类似的错误。为什么呢？就是因为没有反思总结出真正的原因，粗心有很多种，到底是哪种具体的原因呢？今后在哪些地方还需要更加注意呢？这都是需要思考的。只有真正思考了自己犯错的原因，找到错误产生的根源，才可能避免一错再错。

最后，正如孔子所说，"见贤思齐焉，见不贤而内自省也。"我们在日常生活中，看见了不好的行为，一定要怀着忧惧的心情反躬自问；自己有了好的品行，一定要坚定不移的加以珍视。我们还要经常反问自己："我现在各方面表现如何？""我有什么优点？""有什么缺点？""我能再前进一步吗？""我的成绩还可以提高吗？""我是否应该听取爸爸妈妈的意见？"遇到困难时，问自己："为什么出现这种情况呢？是不是我哪里没做好？""如果我换一种方法，事情是不是会不一样呢？"通过不断自我反省，不断地给自己设定目标，就会不断取得成功。通过自我反省，许多问题可以得到解决，更重要的是自我反省可以帮我们拥有平静的心情，把事情做好，在与人相处时获得良好的人际关系。

对"镜"自照，认识自己

> 这个大千世界，是一面镜子，我们应该对镜自照，以便正确地认识自己。
>
> ——摘自蒙田《随笔·论对孩子的教育》

蒙田的这句话使用了一个形象的比喻，他将大千世界比喻为一面镜子。镜子有什么用？镜子可以照出我们的仪容是否端正，而大千世界也是一面镜子，能反映出最真实的我们，照出我们每个人的得与失，对与错，功与过。这与我国古代的一句名话有异曲同工之效。唐初大臣魏徵，能直率地向唐太宗提意见，经常在朝廷上直抒己见。唐太宗也因为能听取正确意见，所以在他统治时期，政治清明、社会安定，唐朝出现了经济繁荣、国力强盛的局面。魏徵病逝后，唐太宗痛哭失声，非常悲伤，感叹地对群臣说："以铜为鉴，可以正衣冠；以人为鉴，可以知得失；以史为鉴，可以知兴替。"他把魏徵比作是一面镜子。

我们身边的每个人都是一面镜子。孔子说过："三人行，必有我师焉。择其善者而从之，其不善者而改之。"我们身边的每个人实际上都是我们的老师，他们的长处我们应该学习，他们的不足和缺点则需要我们引以为戒。可是话虽如此，人们并不是经常能够做到。人们常犯的一个通病，就是往往看自己的优点和他人的缺点多，看自己的缺点和他人的优点少；爱拿自己的长处与他人的短处比。在与人相处中，就表现为对优于己、强于己者不服气；对有缺点错误者鄙视、嫌弃；严于责人而宽于责己；拿正确的道理当手电筒，只照别人，不照自己。这样，既堵塞了向他人学习提高自己的道路，也难免造成人际间的不和谐，以至冲突。

人要谦虚、要反省、要对照、要学习、要改进，不可一味的自大、傲慢。山外有山，人的进步是没有止境的。

白居易是我国古代文学史上负有盛名且影响深远的诗人和文学家，有"诗魔"和"诗王"之称。他认为诗必须便于世人理解和记忆。据说他每写一诗，必对家中老妪读之，老太太能理解的就抄录，不明白的就改写。

有一次，他写了一首《新制绫袄成感而有咏》，将其中几句念给老仆人听："百姓多寒无可救，一身独暖亦何情！心中为念农桑苦，耳里如闻饥冻声。安得大裘长万丈？与君都盖洛阳城！"老人听罢说，你说的我都明白，只是"安得大裘长万丈"中的"安"字，我寻思着还是改一改好。白居易问老人其中有何道理，老人又说，你过去写过这样的句子："道州民，老者幼者何欣欣！父兄子弟始相保，从此得作良人身。道州民，民到于今受其赐，欲说使君先下泪，仍恐儿孙忘使君。"老人接下来说，道州刺史元结是位百姓忘不了的好官，给大伙盖房子，教育官吏们不要欺压百姓，道州不就有了万丈长裘了吗？

白居易认为老仆人言之有理，就把"安"字改为"争"字，意思是做官的要以"为百姓谋福利"的思想去"争得大裘长万丈"。

无独有偶，宋代的欧阳修，写好《醉翁亭记》之后，四处征求修改意见。一位五十九岁的李姓樵夫说文章开头有些啰唆，欧太守闻过则改，把"滁州四面皆山，东有乌龙山，西有大丰山，南有花山，北有白朱山"，改成"环滁皆山也"。一个与文学毫不沾边的樵夫成为一个大文学家的一语之师，成就文学史上的一段佳话。

"每个人都是你的老师。"这是美国第三届总统托马斯·杰斐逊的名言。我们可以称在街边弹吉他卖唱的残疾人为老师，因为其自强不息的精神值得称道；我们可以称上门推销产品的业务员为老师，因为其永不言败、百折不挠的创业精神令人感动；我们可以称清洁工人为老师，因为其掌握不少除尘清秽的诀窍……就像照镜子可以看出我们的仪容是否端正一样，以他人为镜，也能反射出我们的行事是否端正，有则改之，无则加勉，那么每天都可以进步。

历史也是一面镜子。"疑今者察之古，不知来者视之往"，"史者，所以明夫治天下之道也"，历史是前人成功和失败的记录，是前人由成功而失败或由失败而成功的经验积累。无论是王朝帝国的兴衰成败，历史人物的功过是非，还是重大事件的曲折内幕，伟大创新背后的艰辛……这些历史无不折射出做人与做事的道理。从历史的兴衰演变中体会生存智慧，从历史人物的叱咤风云中感悟人生真谛。小到个人，是修身齐家、充实自己头脑、得到人生启迪的需要；大到国家，是在世界上立于不败之地的前提。所以说，古老而悠久的历史是古人赐予我们的礼物。

不仅如此，就连自然界也是一面镜子。

在拿破仑帝国时期，法兰西与欧洲发生了连绵数年的大规模战争，拿破仑大军横扫整个欧洲战场，迫使其余欧洲国家结成欧洲同盟，共同对付拿破仑。当时，指挥同盟军的是威灵顿将军。

威灵顿指挥的同盟大军在拿破仑面前一败再败。在一次大决战中，同盟军再次遭受惨重的失败。威灵顿杀出一条血路，率领小股军队冲破包围，逃到一个山庄。在那里，威灵顿疲惫不堪，想到惨败，顿时悲从心来，想自杀一死了之。

正在愁容满面、痛恨不已时，威灵顿发现墙角有一只蜘蛛在结网。也许是因为丝线太柔嫩，刚刚拉到墙角一边的丝线，经风一吹便断了。蜘蛛又重新忙了起来，但新的网还是没有结成。

威灵顿望着这只失败的蜘蛛，不禁又想起自己的失败，更加唏嘘不已，多了几分悲凉。但蜘蛛并没有放弃，它又开始了第三次。威灵顿静静地看着，心想：蜘蛛啊，别费心思了，你是不会成功的。蜘蛛的这次努力依然以失败而告终，但它丝毫没有放弃的意思，又开始了新的忙碌。它就这样来回忙碌着。

蜘蛛已经失败六次。"该放弃了吧？"威尔顿想。但是蜘蛛没有，它仍旧在原处，不慌不忙地吐出丝，然后爬向另一头。第七次，蜘蛛网终于结成了！小蜘蛛像国王一样护着它的网。

威灵顿看到这一切，不禁流下了热泪，他为蜘蛛的越挫越勇、永不放弃的精神而深深地感动了。他朝蜘蛛深深地鞠了一躬，迅速地走了出去。威灵顿走出了悲痛与失败的阴影。他奋勇而起，激励士气，迅速集结被冲垮的部队，终于在滑铁卢一战，大败拿破仑，取得了决定性的胜利。看似无奇的大自然，在不经意间，给了威灵顿巨大的启发。

蒙田说，大千世界是一面镜子。细心留意身边，你会发现，每一样东西都是一面镜子。只要我们善于发现，善于对"镜"自照，审视自己的言行，如此一来，我们便会不断改进自己，不断取得进步。

"让自己属于自己"

让身外的一切从属于我们，却不让它们同我们粘连到不揭下我们一层皮、不拉下我们一块肉就无法摘下去的地步。世间最重要的事莫过于懂得让自己属于自己。

——摘自蒙田《随笔·论退隐》

对于个人来说，世间最重要的事情是什么呢？是用健康换取金钱，还是用时间换取权力，或是用幸福换取名气？虽然，金钱、权利、名气，对于我们每个人来说都是诱人的，可是得到了它们并不代表我们就会感到开心满足。如果我们只是跟随潮流的走向而追求这些东西的话，那我们的内心将永远得不到真正的满足。

1999年2月10日，纽约的第四十九街有了一个新的名称——马友友街。这是美国人民给予一个华裔音乐家的最大褒奖，也是至高无上的荣誉。这一特别的表扬足以说明马友友作为一名音乐家所取得的成就。而为了实现自己的音乐梦，他也曾经付出了极大的努力。

马友友1955年出生在巴黎，他从小学习音乐，5岁就可以演奏《巴哈组曲》，7岁正式拜师学琴，9岁获得了茱莉亚音乐学院的奖学金。他的老师有著名音乐家史坦和雷纳德·罗斯，但在他15岁时演奏了舒伯特的《琶音琴奏鸣曲》后，他的老师觉得自己已经没有东西可以再教给他了。

音乐道路的过于顺畅让马友友少年成名，获得了很多荣誉，但同时他也在荣誉里迷失了方向，他不知道自己究竟为什么要做这些，年轻的心因为迷茫而变得躁动不安，他问史坦老师："我究竟在音乐演奏上可以做什么？"在很长一段时间里，马友友表现得非常叛逆，不仅自暴自弃，还抽烟酗酒，沾染了许多恶习。

但幸运的是，马友友的老师史坦是一个睿智的音乐家，他明白马友友的内心深处只是缺少梦想，所以才不明白自己在做什么。只有让他将音乐作为自己奋斗的方向，才可以让他内心平静，并获得再次前进的力量。

史坦老师建议马友友进入哈佛大学学习人类学，让他在音乐之外可以接触到更多的知识，建立内心的价值观。在哈佛大学，马友友还选修了社会学和德文、生物学，更潜心学习哲学。通过学习，重新找到方向的马友友向史坦老师承诺：一定要将音乐作为他继续为之付出和努力的梦想，要成为一名一流的演奏大师。

不久之后，一个脱胎换骨的马友友重新回归到舞台上，此时，他所诠释的音乐已经进入了另外一个境界，因为他的内心充满了对音乐的崇敬。但他的命运却并没有因此而变得平坦，似乎上天是为了考验马友友对音乐梦想的执着程度，在1978年得到费雪奖后，还没来得及展开更加美好的人生规划时，他就患了严重的脊椎侧弯，这对于一个靠拉动琴弦来诠释梦想的音乐家来说是致命的打击，因为这种病会让他无法握住琴弓。

这一打击并没有让马友友变得消沉，对于音乐和人生的执着追求让他将疾病带来的痛苦看淡了。他不断安慰着身边的人，告诉他们："音乐是一个梦，就算不能拉琴，我也会一直做这个梦。"幸运的是，在一次成功的手术之后，他的音乐生命也得到了挽救，一个全新的马友友又一次站在了世人的面前。

经历了疾病折磨之后的马友友对于人生又有了新的领悟，重获新生的音乐之梦让他更加珍惜那方舞台，并且推出了自己的音乐专辑。马友友得到了听众、乐评家、唱片界和媒体的一致肯定，他俨然已经成为音乐界最耀眼的明星。而马友友却说："只有不断鞭策自我，才不会辜负那些爱我的人所寄予的厚望。我的成功并不是一蹴而就，而是一步一步积累出来的。"在追逐音乐之梦的道路上，马友友从未停止过努力的步伐，最终实现了自己对老师许下的承诺，琴弦上的梦也因此更加多姿多彩。

年少成名的马友友，每一步都是按照已经设定好的伟大演奏家的成长之路来行走，这其中，他个人的意志是被忽视的，包括他自己。正因为如此，即使站在辉煌的顶点，他也会充满困惑，不知道自己是什么样的人，不知道自己为什么做这些事，不知道这样做的意义。

蒙田说："做自己的事，第一件要学的事是认识自己是什么样的人，什么是自己该做的事。人认识了自己，就不会把外界的事揽在自己身上；自爱其人，自修其身，是头等大事；不做多余的事，排斥无益的想法与建议。"通过学习人类学、社会学、哲学等内容而对自己有了真实了解的马友友，不再困惑于年少时的迷茫，看清楚了音乐不是他人设定的步骤，而是自己的梦想，所以即使遇上几近毁灭性的打击他也不动摇自己选定的方向。

到这里，我们应该明白了，让自己属于自己，就是要找到真实的自己，然后根据自己的意愿努力地生活，不迷茫，不负重，也不轻率。

把好自律关

你若不知道自律，把你交给自己那就是一桩蠢事。

——摘自蒙田《随笔·论退隐》

现代社会，年轻一代是追求自由最为热切的一批人，不希望家长总是对自己管这管那的，也不希望总是被师长们这条规定那条守则约束，甚至不愿意倾听朋友的诚意规劝，因为他们觉得，他们自己就能管好自己，他们要争取自由，不要听人摆布，受人束缚。

可是问题常常出在这里，他们得到了自由，却不懂得约束自己，结果在充满诱惑的环境里陷入迷途，在竞争激烈的社会上沉入情绪迷潭。这里有一个风筝和线的寓言故事，值得我们借鉴。

一天，风筝和线手牵手在天空中飞翔，过了一会儿，风筝不耐烦地对线说："都怪你牵住我的脖子不放，要不，我肯定会飞得更高。"线劝道说："不行啊！要不是我牵住你，你只能躺在地上。"风筝不听劝告，拼命地摆脱了线的束缚，然而就在它将线挣断后不久，便身不由己飘飘悠悠地跌落在了地上。

风筝和线的关系，其实就是自由和束缚的关系。在我们的印象中，自由和束缚是一对死对头，有自由就没有束缚，有束缚就没有自由，其实不然。如果没有交通规则的束缚，车辆"自由"了，交通事故就增多了，人们的出行不安全，也就谈不上自由；如果没有法律的约束，犯罪事件增多了，人们的生命财产受到威胁，同样也谈不上自由。可见，缺乏束缚的自由是不存在的，就像没有线的风筝是飞不高的一样。

生活中，约束我们的东西很多，比如法律，比如学校校规，比如父母、老师的要求，等等。然而一年365天，一天24小时，这些外在约束不可能时时刻刻监督我们的行为，能够时时刻刻在我们身边发出提醒和警告的，只有我们自己。这就需要我们学会自律。

所谓的自律，就是自己管理自己，自己约束自己。"律"既然是规范，当然是因为有行为会越出这个规范。比如，刷牙洗脸是每天必须要做的事情，但是有一天我们回到家筋疲力尽，如果倒床就睡，是在放纵自己的行为；如果我们克服身体上的疲惫，坚持进行洗漱，这是我们自律的表现。自律的方式，一般来说有两种：一是去做应该做而不愿或不想做的事情；一是不做不能做，不应该做而自己想做的事情。比如我们每天早晨坚持锻炼身体，某一天天气特别寒冷，我们不想冒着寒冷继续坚持，但是我们最终走出家门，继续锻炼，这就属于前者。后者的表现也较多，比如我们喜欢打游戏，但是作业还没有完成，这时我们就必须忍住内心的欲望不去打游戏，而是专心做完作业。

可见，自律常常意味着牺牲乐趣和避免一时的冲动。所以缺乏自律，我们很容易为欲望、懒惰、贪婪等俘获，所以蒙田才会说："你若不知道自律，把你交给自己那就是一桩蠢事。"

从前，有一个画技了得的画师，他一直想画一幅耶稣的画像，很多年都没有成功。后来，他对自己进行了反思，并认为只有找到一位本性纯真的人来做参照，才能完成这幅作品。但事情并不如想象的那么简单，他发现本性纯真的人很难找到。

几经周折之后，画师终于在一家修道院里找到了一位修道士，这位修道士无论是外形还是秉性，都十分符合画师对耶稣的要求。因此，画师以这位修道士为参照，发挥自己精湛的绘画技艺，将耶稣的形象刻画得惟妙惟肖。画师凭借这幅画作享誉画坛，那位修道士也从中获得了不菲的报酬。

有人对画师说："你既然画了圣人耶稣，你也应该画一幅魔鬼撒旦的画啊。"因此，画师开始寻找符合他心目中魔鬼撒旦形象的参照人物。最终，他在一个监狱里发现了一个十分符合他心目中理想撒旦形象的犯人。

然而，当这个犯人知道自己要被画成魔鬼撒旦时，不禁痛哭起来。画师十分不解地问："只是画张画而已，不会伤害你的，你为什么要哭呢？"

犯人说："你真认不出我来了吗？要知道，当年你画圣人时就是找我，想不到现在你画魔鬼找的还是我。"

画师大吃一惊，仔细一看，这个犯人果然就是以前的那位修道士："你怎么变成这样了啊？"

犯人说："当年你以我为参照画了耶稣，不仅使你享誉画坛，也使我成了当地的名人，许多权贵人士都以结交我为荣，时不时地拉我出去应酬，久而久之，我就养成了虚荣奢侈的生活习惯，渐渐花光了你当时给我的酬劳，又不甘于贫困，就去骗、去偷、去抢，最终把自己送进了监狱。"

富兰克林认为，自律体现了人类的勇气，是人类所有高尚品格的精髓。如果一个人完全由本能和激情来支配，那么他就会完全丧失道德上的行动能力和良心的自由，就会沦为欲望的奴隶。生活在修道院里，一切行事都遵从已有的规章制度，一个人就能被培养成圣人耶稣的形象；可是当一个人远离约束，既不接受外来的监督，又不能自己管理自己，那么即使是圣人也会堕落成魔鬼。

而一个严于律己的人，无论面对怎样的环境，遇到怎样的困难和挫折，他都有坚定的信心，有超强的耐力，去踏破艰险摘取成功。

60年前，加拿大一位叫让·克雷蒂安的少年，说话口吃，曾因疾病导致左脸局部麻痹，嘴角畸形，讲话时嘴巴总是向一边歪，而且还有一只耳朵失聪。

听一位医学专家说，嘴里含着小石子讲话可以矫正口吃，克雷蒂安就整日在嘴里含着一块小石子练习讲话，以致嘴巴和舌头都被石子磨烂了。母亲看后心疼得直流眼泪，她抱着儿子说："孩子，不要练了，妈妈会一辈子陪着你。"克雷蒂安一边替妈妈擦着眼泪，一边坚强地说："妈妈，听说每一只漂亮的蝴蝶，都是自己冲破束缚它的茧之后才变成的。我一定要讲好话，做一只漂亮的蝴蝶。"

功夫不负有心人。终于，克雷蒂安能够流利地讲话了。他勤奋且善良，中学毕业时不仅取得了优异的成绩，而且还获得了极好的人缘。

1993年10月，克雷蒂安参加全国总理大选时，他的对手大力攻击、嘲笑他的脸部缺陷。对手曾极不道德地说："你们要选这样的人来当你的总理吗？"然而，对手的这种恶意攻击却遭到大部分选民的愤怒和谴责。当人们知道克雷蒂安的成长经历后，都给予他极大的同情和尊敬。在竞争演说中，克雷蒂安诚恳地对选民说："我要带领国家和人民成为一只美丽的蝴蝶。"结果，他以极大的优势当选为加拿大总理，并在1997年成功地获得连任，被国人亲切地称为"蝴蝶总理"。

克雷蒂安的成功就在于他始终能很好地约束自己，遇到困难能更坚定地向前迈步。

有句俗话说，有钱难买早知道，世上没有后悔药。这个修道士已经错过了通过自律去成就美好人生的机会，可是我们正在看故事的人却比他们幸运，我们还有时间可以去把握自律。"我的眼睛无处不在，督促我安分守己，没有人如此近地监视我，也不能让我如此遵守规则。"蒙田这句话的总结是非常精准的。我们每个人其实都像观音那样，拥有千手千眼，如果我们能把这一千只眼用来监督自己，能把这一千只手用于踏实解决自身的问题，那么我们就能成为克雷蒂安，而不是故事中的修道士了。

找对路再出发

> "老牛想马鞍，马驹想犁头。"（贺拉斯）这样做事，终究一事无成。
>
> ——摘自蒙田《随笔·几位大使的一个特征》

牛的特长在于供人犁田，如果它立志于让人骑行千里，那就是扬短避长，结果必然是骑行比赛输给了马，而犁田的特长同时也被荒废。同样的，如果善跑的马心心念念想要去拉犁，也只会把自己的特长埋没在自己的短处上。虽然说，确立伟大的目标可以激发人们的成功欲望和强烈斗志，可是如果想法不切实际，那就犹如水中捞月，再多的努力都是徒劳。

所以，我们确立奋斗的目标，一定要根据自己的实际情况来决定，要能够发挥自己的长处。如果目标不切实际，与自身条件相去甚远，那就不可能达到。为一个不可能达到的目标而花费精力，同浪费生命没有什么两样。

世界著名的化学家奥托·瓦拉赫在开始读中学时，父母为他选择的是一条文学之路，不料一个学期下来，老师为他写下了这样的评语："瓦拉赫很用功，但过分拘泥，这样的人即使有着完美的品德，也绝不可能在文学上发挥出来。"此时，父母只好尊重儿子的意见，让他改学油画。可瓦拉赫既不善于构图，又不会润色，对艺术的理解力也不强，成绩在班上是倒数第一，学校的评语更令人难以接受："你是绘画艺术方面的不可造就之才。"面对如此"笨拙"的学生，绝大部分老师认为他已成才无望，只有化学老师认为他做事一丝不苟，具备做好化学实验应有的素质，建议他试学化学。父母接受了化学老师的建议。这下，瓦拉赫智慧的火花一下被点着了。文学和绘画艺术的"不可造就之才"，一下子变成了公认的化学方面的"前程远大的高才生"。在同类学生中，瓦拉赫遥遥领先。后来，瓦拉赫获得了诺贝尔化学奖，在化学领域取得了举世瞩目的成就。

我们设想一下，如果瓦拉赫继续在自己喜欢的绘画领域奋斗，因为缺少天赋，他一生的最大成就可能只是一个不太有名气的画家。幸好他找到了自己的专长，才能取得举世瞩目的成就。

天赋通常表现为一种学习的能力。拥有某种天赋，你学这方面的东西就比一般人快，甚至是无师自通，这也就是我们常说的"悟性好"。在成功心理学看来，判断一个人是不是成功，最主要的是看他是否最大限度地发挥了自己的天赋。

然而每个人的成才之路都不会是随心所欲的，必然会受到各种各样的制约。内在的天赋是一方面，外在的环境条件也常常不可忽视。事实上，根据自己身处的环境来订立奋斗目标，往往能更快实现成功的愿望。

皮尔·卡丹出生在意大利的一个农民家庭，因为家境贫困，他从小就体会到了生活的艰难与屈辱。

因为在中学阶段曾参加过校内戏剧演出，所以皮尔·卡丹对舞台产生了兴趣。十六岁那年，他毅然做出了一个大胆的决定——退学，一个人跑到当时的大都市巴黎，希望自己能在这个时尚大舞台上用脚尖旋转出精彩人生。

可是，在巴黎的生活更加艰难，别说学习舞蹈的高昂学费了，就连满足生活的基本需求都成了问题。他没有别的特长，只有从小跟着父母学到的一点裁缝技术。凭着这点手艺，他最终在一家裁缝店找到了一份每天要做十多个小时的工作。

就这样做了几个月，他的心情越来越低落、颓废。他不知道自己在这个裁缝店要干多久，不知道自己什么时候才能登上梦中的舞台。他苦闷自己的理想无法实现，他认为与其这样痛苦地活着，还不如早早结束自己的生命。

就在他准备自杀的当晚，他突然想起了自己从小就崇拜的有着"芭蕾音乐之父"美誉的布德里，他决定给布德里写一封信，讲述自己的梦想遭现实阻挠无法实现的困惑。在信的最后，他写道，如果布德里不肯收他这个学生，他便只好为艺术献身跳河自尽了。很快，他便收到了布德里的回信。谁知，布德里并没提收他做学生的事，而是讲了他自己的人生经历。布德里说他小时候很想当科学家，也想当飞行员，还想成为一名牧师，但因为家境贫穷父母无法送他上学，他只得跟一个街头艺人过起了卖唱的生活……最后，他说，人生在世，现实与梦想总是有一定的距离，在梦想与现实生活中，人首先要选择生存，一个连自己的生命都不珍惜的人，是不配谈艺术的……

布德里的回信让皮尔·卡丹幡然省悟，后来，他努力学习缝纫技术，并应聘于一家名叫"帕坎"的时装店。凭着勤奋和聪慧，他的服装设计技术提高得很快。为了进一步开阔视野，他又投奔由著名时装设计大师迪奥尔开设的"新貌"时装店。在这里，他积累了领导时装潮流的设计心得和体会，他的设计水平也得到了提高。这一年，著名艺术家让·科托克拍摄先锋影片《美女与野兽》，邀请他为法国著名演员让·马雷设计了十二套服装，影片公映后，他设计的服装惊动了巴黎，美誉如潮。

那年，皮尔·卡丹二十三岁，在巴黎开始了自己的时装事业，建立了自己的公司和服装品牌。

如今，皮尔·卡丹不但成了令人瞩目的亿万富翁，以他的名字命名的产品也遍及世界，皮尔·卡丹成了服装界成功的典范。

客观地认识自己，正确地分析自己的才能与优势，再据此定立目标去奋斗，这就是皮尔·卡丹成功的秘密。

我国有句俗语，叫"三百六十行，行行出状元"，有的人对它误解为自己干哪一行都必然能够成功。事实是，三百六十行中，可能只有一个行当是我们可以做得非常优秀的。找出自己擅长的、能够做得最好的那一个行当，把目标设定在它上面，我们的努力才有可能事半功倍。

生命的价值在于如何度过

> 生命的价值不在于岁月长短，而在于如何度过。有的人寿命很长，但内容很少；当你活着的时候要提防这一点。你活得是否有意义，这取决于你的意愿，不是岁数多少。
>
> ——摘自蒙田《随笔·探讨哲学就是学习死亡》

2012年3月20日，有媒体报道，俄罗斯一位105岁高龄的老妇在家自杀，她在留给家人的纸条上写道："我已经厌倦了等待死亡的日子。"按理说，一位经历过俄国十月革命和两次世界大战的百岁老人，应该能够看透生活五光十色的虚假表象，了悟生命的意义所在，应该是越活越开心自在的。可是，漫长的岁月没有赐予她这些智慧，在她把余下的生命意义定义为等待死亡的时候，她的生命价值就已经消失了。

诗人说："有的人活着，他已经死了；有的人死了，他还活着。"剧作家说："长寿的庸人，活着时已经在别人心里死掉了。"岁数的多少不能让我们活得更有意义，唯有正确使用分分秒秒的时间，才能体现生命的价值。

美国有一位非常著名的预言家，他的不少预言都应验了，被美国人称为"上帝的嘴巴"。

有一次，这位预言大师到一所大学作讲座，台下有许多听众。中途休息的时候，有两位同学找到他，请他预测一下自己的命运。预言大师微微一笑，说："好的，我向你们提个问题好吗？"两位同学点头说："可以。"预言大师说："请你们认真考虑一下，如果上帝无条件给你们十分钟时间，也就是说，这十分钟时间具有无限量的魔法，你们可以随意运用。"第一位同学想了想说："我希望我的爸爸失忆十分钟，那样，我就可以从他那里拿更多的钱而对他说，我只拿了一点点。"第二位同学说："我希望把这十分钟全部用在急需时间的人身上。比如将要被汽车撞到的人，可以利用这十分钟时间躲过汽车；被地震、台风等自然灾害袭击的人们，可以利用这十分钟时间逃生；生命垂危的病人，可以利用这十分钟时间等待最佳的治疗方案；生活贫困的人可以利用这十分钟时间寻找机遇，使生活出现转机……"

预言大师听了两个同学的回答，点了点头，说："好的，我已经知道你们的命运了。"说着，他对第一个同学说："你的命运已经很不错了，但要注意节俭，不然晚年很可能会穷困潦倒。"又对第二个同学说："你现在虽然很艰苦，但将来很可能会成为出色的政治家。"第一位同学不服气，说："我爸爸是金融大亨，将来我会继承他的财产，晚年怎么会穷困潦倒？"预言大师笑了："这要问你自己。"

后来，预言果然应验了。第一位同学继承父业后不思勤俭经营，终于在一次金融危机中成为穷光蛋，晚年流落街头。而第二位同学一直发奋读书，关爱民众，后来当上了总统。他就是美国第三十九任总统——吉米·卡特。

预言大师为什么会提出"给你十分钟"的问题让人回答呢？原来，时间就是生命，若干个十分钟累加起来，就是一个人命运的轨迹。问一个人怎样利用他的十分钟，就能看出这个人怎样运用时间，怎样对待时间，也就能知道他怎样对待生命。换句话说，命运是自己造就的，科学合理地以自己最满意的标准去运用时间，就能造就出最完美、自己最满意的命运。金融大亨的儿子把时间花在挥霍上，注定他将来成为一个败家子；卡特把时间用在解决人民的疾苦上，他的理想必定远大，他的人生必定充满意义。

生命的价值不在于岁月的短长，也不在于拥有条件的好坏，金融大亨的儿子的人生重量，很可能比一个没有四肢的残疾人的要轻得多。

27岁的澳大利亚青年尼克·胡哲每天都要面对这个现实：生来就没有四肢，只能靠一个"小鸡腿"（左脚掌及相连的两个小脚趾）来活动。

身体的残疾让尼克从小就受尽嘲笑，长大了，他还需要父母抱着进洗手间，那种尴尬和羞愧，几乎让他无地自容。8岁时，他想过自杀，10岁时，他尝试自杀了3次，没有成功。

随着成长，他慢慢意识到，自己与世界是不同的，他问自己："我存在的价值在哪里？"

第一次玩足球，球向他疾速飞来，他的第一反应是用"小鸡腿"去接。虽然，此后一个星期他都只能跷着脚，用大腿根部走路。但是，这次尝试让他突然发现自己没什么不可以。

他学习写字，把妈妈制作的塑料模型套在脚趾上，夹住笔写写画画。现在，他每分钟能在电脑上打43个字母。他学习刷牙，将牙刷夹在脖子和肩膀之间的肌肉里，来来回回移动嘴巴。

在学校里，他和别的孩子一起学习、运动，他会踢足球、打高尔夫、钓鱼、玩打击乐、滑滑板，他擅长骑马、游泳、驾快艇。进了大学，他还成为校学生会主席。"至少我还有大脑，不是吗？"

19岁，他做过一次公开演讲，很多人为他的故事潸然落泪，一个女孩哽咽着拥抱了他，在他的耳边说谢谢。那一刻，尼克忽然觉得，自己给别人带来了希望，而这正是自己的价值所在。于是他决定，"我要做一个演讲家"！

尼克的演讲现场，总是热闹非凡。台上的他，喜欢不安分地用"小鸡腿"跳来跳去，对观众搞恶作剧。"我最喜欢开玩笑了！"仗着身材"迷你"，他曾让朋友把自己塞进飞机行李舱吓唬别人。他还在汽车座椅上原地转圈，邻车的司机透过车窗玻璃，看到他头部在360度旋转，惊得目瞪口呆。

他用仅有两个脚趾的脚掌灵巧地敲击敲鼓机，节奏强烈的音乐顿时震撼全场。"That's cool！（这真酷！）"他吹着口哨，神采飞扬，有着同龄人的活力。"我喜欢我的小脚掌!"他调皮地用脚趾比画出一个"v"字。

在放给观众的短片中,他从跳板上一跃而下,周围人提心吊胆,他突然从水里冒出来,哈哈大笑。

"人们的确忘掉了我没有双臂和双腿的事实,而将我当成普通人看待。"

尼克走遍了20余个国家,与上百万人分享独特的人生。他的演讲"no arms, no legs, no worries(没胳膊、没腿、没烦恼)",每到一处就激起心灵震撼,被制作成视频,风靡网络。

他创办了网站"没有四肢的生活"(www.lifewithoutlimbs.org),号召全球各地的年轻人行动起来,帮助贫穷的孩子。

尼克的第一本书《人生不设限》已经出版,第一部电影"The Butterfly Circus(蝴蝶马戏团)"也已上映。2009年来中国时,他特意去了四川,给经历过地震灾难的孩子们演讲。他们中有的人,在灾难中失去了手脚,尼克希望用自己的故事给他们前行的力量。

"生命中有些东西是我们不能控制和改变的,当你相信没有希望的时候,只是因为你没有看到希望。但不因为你看不见,希望就不存在。"尼克说。

"如果别人没有给你奇迹,你就去成为奇迹。"

尼克没有四肢,却飞得让大多数健全人望尘莫及;他的身材很"迷你",但他的生命价值却巨大无比。每个人的生命意义是由自己掌握的,与其像浮尘一样虚度光阴,不如落入大地,去孕育生命的绵绵不息。

幸福的秘诀

不论遇到了什么，享受了什么，我们还是觉得不满足，去追逐未来与未知的事物，尤其现有的东西没能使我们心醉。依我看，不是这些东西不够令我们心醉，其实是我们对待它们有点儿病态，神经错乱。

——摘自蒙田《随笔·论恺撒的一句话》

近年来，百姓幸福指数成为一个热门话题，许多国家将它作为一个重要指标，来衡量社会运行状态的好坏。幸福指数是衡量幸福感的具体程度的主观指标数值。幸福感则是人们对生活的客观条件和所处状态的一种事实判断，是对于生活的主观意义和满足程度的一种价值判断。

在对幸福指数的研究调查中，有一个现象令人深思。在面对"你幸福吗"这样一个简单的提问时，有的人会很快给出简短而肯定的答复，但有的人却会给出响亮的"不"的回答，而且在后面跟随一长串的抱怨。对比两类回答者的条件，前者的条件不见得比后者的好，甚至可能比后者的条件差很多，可是为什么前者感到幸福，而后者却对生活如此不满意呢？对这个问题，蒙田早就给出了答案：因为我们总是觉得不满足，因为我们对待已经拥有的东西有点儿"病态"，"神经错乱"。

有一个失意的城里人对生活失去了信心，他走进一片原始森林，准备在那里了却残生。他发现一只猴子正在目不转睛地看着他，便招手让猴子过来。

"先生，有何吩咐？"猴子有礼貌地打着招呼。

"求求你，找块石头把我砸死吧！"失意人央求猴子。

"为什么？阁下难道不想活了？"猴子瞪着眼睛问。

"我真是太不幸了……"失意人话一出口，泪水便哗哗地流了出来。

"能跟我谈谈吗？我也是灵长类呀！"猴子善解人意地说。

失意人泪流满面地说："跟你谈有什么用……当年我差了一分，没有考上牛津大学……呜……"

"你们人类不是还有别的大学吗？你是不是找不到异性？"猴子觉得上什么大学无所谓，有没有异性可是个原则问题。

"呜……"失意人又哭了起来，"当年有十几个美女追求我，最后我只得到其中一个……"

"这确实有点不公平！"猴子说，"不过，您毕竟还捞上了一个。工作上有什么不顺心吗？"

"工作了十来年，才评上一个副教授。你说说，这书还怎么教下去？"失意人转悲为愤，怒气冲冲地说。

"薪水够用吗？"这只猴子又问。

"够用什么！每个月除了吃、穿、用，只剩下800多块钱，什么事也干不了！"失意人满腹牢骚。

"那您真的不想活啦？"猴子紧紧盯着失意人的双眼，严肃地问。

"不想活了！你还等什么，快去找石头啊！"失意人不想再跟猴子啰唆。猴子犹豫了一下，终于抓起来一块石头。就在它即将砸向失意人脑袋的时候，突然问失意人："阁下，在您死之前能把您的地址告诉我吗？让我去顶替您算了。"

这个故事看似一个笑话，却反映出了我们身边的现实。其实，我们拥有的东西已经足够多，但它们对我们来说没有任何意义，因为我们从来不去关注自己已经拥有的东西，我们的眼睛总是盯向那些得不到的东西。

"要的东西得不到？说什么也不要别的。要的东西有了，就再要另一个。欲望永远存在。"蒙田引用古罗马哲学家卢克莱修的话一针见血地指出人们的病源。不满足的欲望使我们的心永远有一个破洞，不管多么名贵或多么巨大的东西都会从这个破洞里漏出去，所以我们的心永远填不满。要治好我们的这个病，就要像女娲补天那样，找一块特殊的材料把这个破洞补上。这块特殊的材料就叫满足，用来弥合缝隙的涂料叫感恩。下面这个故事会给我们一些启发。

单位派钟成去一个居民社区做幸福满意度调查，为了摸清大家的真实愿望，听取他们的意见和建议，社区领导专门组织了十几个男男女女，召开了一次座谈会。

这十几个男男女女的穿戴都很讲究，看来，生活水平提高了，人们更注重打扮了。只有她，一身旧衣服，显得很不入眼。社区领导悄悄告诉钟成，前几年她和丈夫双双下岗，夫妻俩守在街头，靠卖衣服过日子。更加不幸的是，去年丈夫出了一次车祸，虽然大难不死，但看病就花了三万多元，家里经济很困难。

社区领导说完后，钟成又打量了一下坐在最拐角处的她。她的衣服怕已是穿了五六年了，她的脸色很难看，估计是因为缺少营养。

座谈会开始了，大家七嘴八舌，都在抱怨社会不公，分配不公；抱怨物价上涨太快，房价太高；抱怨工资太低，生意不好做；抱怨世风日下，不少人都变坏了。更有一些打扮入时的女士，抱怨丈夫不顾家，孩子不听话，婆媳关系难处理……

大家都抱怨完了，只有她，还未发言。她一个人静静地听他们抱怨着，从头到尾，脸上淡淡地笑着，与这些群情激昂的人相比，显得极不协调。

在座谈会上，钟成记住了她。在钟成的要求下，会后，他和社区领导一起去到她家慰问。在她家又低又矮的三间小房子里，钟成问她，今天座谈会上，大家都怨声载道，而你夫妻二人都下了岗，丈夫又出过一次车祸，家里债台高筑，面对这样的生活困境，你怎么能如此平静呢？

"为什么要抱怨？我已十分感激了呀！"她说。

"你已十分感激了？"钟成像是一个丈二和尚，摸不着头脑。

"我真的已是十分感激了。"她说，"你看，我们夫妻下岗后，政府对我们下岗工人很照顾，我们摆起了地摊，虽没有赚多少钱，但已能生活。我的丈夫出车祸后，也真是上天造化，大难不死，通过一年的调养，他已能和我一起出去摆地摊了。还有我的儿子，上次在学校受到一次意外伤害，不仅报销了很多钱，而且学校还组织为我儿子捐款，不仅我，就连我的儿子也感动了。你说，我家虽然经历了许多不顺利的事情，但结局都还不错，想想，我怎能不感激，怎能不高兴？"

钟成呆住了。在去走访她家前，他原以为这个不幸的女人会一个劲地向自己诉苦，可她非但没有，还说她已十分感激，十分高兴，让钟成有点始料未及。

"我已十分感激。"这是钟成这次调查居民幸福满意度的最大收获。因为是她的这句话，让钟成明白了，在物欲横流的今天，如果你没有良好的心态，即使你有很多钱，也无法拥有像这个女人的幸福。一个人过得幸福还是不幸福，完全取决于自己。在平时烦琐的生活中，尽管我们会有不如意的时候，但如果我们能经常对自己说一句"我已十分感激"，那么，我们的生活不仅会少了抱怨，而且会感到自己很幸福很美满。

真正的幸福，不是我们每天都追求到了什么，而是我们每天都能为已经拥有的东西感到满足，对上天赐予的这一切满怀感恩。幸福的秘诀在于我们知道如何享受自己的所有，并且能够不受自己能力之外的物欲所干扰。

如果说不幸福是由欲望引起的一种病，那么满足与感恩便是根治这种病的两味药材，我们只要时刻把这两味药材随身携带，那么欲望就能被我们消灭于萌芽阶段，我们的生活就不会出现不幸福的症状。

第二章
学会学习，掌握成才主动权

有头脑地学习

我希望能多多注意给孩子物色一位头脑多于知识的老师，二者如能兼得则更好，如不能，那宁求道德高尚，判断力强，也不要选一个光有学问的人。我希望他能用新的方式来教育孩子。

——摘自蒙田《随笔·论对孩子的教育》

在蒙田看来，选择一个好老师对于一个孩子的学习成长非常重要，而好老师的标准就是"头脑多于知识"。一个光有知识而没有多少判断力的老师，往往只会给他的学生机械地灌输各种各样的学识，却不考虑学生是否真的能理解与吸收。而一个"头脑多于知识"的老师，他更侧重于从学生自身入手，引导学生自己去判断哪些知识应该掌握，应该怎么掌握。这样，即使老师不具备某方面的知识，学生也能自己想办法找到学习这方面知识的途径。

蒙田是站在大人应该怎么去教导小孩的角度来讲的，但这并不妨碍我们从中体会如何去学习。学习不是简单的知识灌输，而是有头脑地选择和判断，知道自己什么时候该做什么事，该怎么做，而不是一成不变地照搬书本上的知识。通俗地说，就是要会学。在现实生活中，我们观察到有人学得很快，有人却学得既慢又辛苦，原因何在？就在于他们不懂得"头脑多于知识"的道理。

比如说，努力学习固然是好的，但并不需要拼死拼活的架势，因为学习即使努力了也不一定奏效。

高斯是德国著名的数学家，在他念小学一年级的时候，从城里来了一位数学老师。老师来时有一个偏见，总觉得农村孩子不如城里孩子聪明。有一天，他出了一道算术题："你们算一算，1加2加3，一直加到100等于多少？谁算不出来，就不准回家吃饭。"其他同学都低头努力地演算起来，而高斯不到一分钟的工夫，就站了起来，说："老师，我算出来了……"

没等小高斯说完，老师就不耐烦地说："不对！重新再算！"

高斯很快地检查了一遍，高声说："老师，没错！"说着走下座位，把小石板伸到老师面前。

老师低头一看，只见上面端端正正地写着"5050"，不禁大吃一惊。他简直不敢相信，这样复杂的数学题，一个8岁的孩子，用不到一分钟的时间就算出了正确的得数。他问高斯："你是怎么算的？"高斯回答说："我不是按照1、2、3的次序一个一个往上加的。老师，你看，一头一尾的两个数的和都是一样的：1加100是101，2加99时101，3加98也是101……一前一后的数相加，一共有50个101，101乘50，得到5050。"

没有方法和窍门的努力只是卖力蛮干，或者埋头苦干。做任何事情，都不是无条件努力就行了，勤奋刻苦和开动脑筋好比鸟儿的两翼，缺少其中一翼，就不能展翅高翔。那些认为生活必然被学习填满的学生，那些很努力却无法取得理想成绩的学生，很可能是因为学习方法不够巧妙，或者对于这个问题不够重视的缘故。

再比如说读书，既要大量地、广泛地阅读各种书籍，又要对其中少量经典著作反复钻研，细细品味。果戈理的名著《死魂灵》中就有个名叫彼什伽秋的人物，他嗜书如命，什么书都读，但也因为他的阅读毫无选择、毫无目标，最终还是一事无成。读书是追求知识的途径，它像身体健康一样，对不同营养元素的需求量是不同的。根据自身的具体情况，有所偏重又广泛全面地进行阅读，是读书的科学"食谱"。

再比如学习方法，我们要选择适合自己的学习方法。就像有些运动员一样，他们不一定完全按照书里要求的"正确姿势"来做动作，而是利用最适合自己的姿势去锻炼，最后反而获得了冠军。我们的学习也是一样的，如果你只知道循规蹈矩、按部就班地照着那些所谓的"最好的"方法来学习，效果可能会更差。法国著名生理学家贝尔纳也深有感触地说："适合我的方法能使我发挥天赋与才能；而不适合我的方法则可能阻碍才能的发挥。"用自己最喜欢的学习方法可以使学生在知识的密林中，成为手持猎枪的猎人，获得有效的进攻能力和选择猎物的余地。我们在实际学习中也有所体验，有些同学喜欢独自一个人阅读，有些同学则在群体中会学得更好；有些同学喜欢坐在椅子上学习，有些同学则喜欢躺在床上或地板上学习。有些同学喜欢在比较自由的情形下学习，他们不喜欢墨守成规，需要多一些自由选择的机会，如自己决定学什么、从哪儿开始学等。而另一些同学则喜欢在按部就班的情形下学习，他们需要老师或家长告诉他们每一步该怎么做。这些学习方法中，哪一个才是最好的呢？答案不是绝对的，只要是你最喜欢、最适应的，就是最好的。学习是个人行为，必须采取自己最喜欢的方法。

还有，知识的最终目的就是能够应用，而应用更需要"有头脑"。一个只知道向自己的大脑里填塞知识而不懂得灵活运用的学生，他的发展道路必然走不远。下面两个古代故事就是很好的例子：

春秋战国时期，秦国有个人叫孙阳，他一眼就能认出好马和坏马，人们把他叫"伯乐"。伯乐把自己认马的本领都写到叫《相马经》的书里，画上了各种马的图。伯乐的儿子很笨，却希望自己也能像父亲那么厉害。他把《相马经》背得烂熟，就以为自己也有了认马的本领。一天，他在路边看见了一只癞蛤蟆。他想起书上说额头隆起、眼睛明亮、有四个大蹄子的就是好马，心想："这家伙的额头隆起来，眼睛又大又亮，不正是一匹千里马吗？"他非常高兴，把癞蛤蟆抓回了家，对伯乐说："快看，我找到了一匹好马！"伯乐哭笑不得，只好说："你抓的马太爱跳了，不好骑啊！"

古代有一个叫刘羽冲的读书人，性格孤僻，好讲古制。一次，他得到一部古代兵书，伏案读了一年，便自称可以统率十万大军。恰好这时有人聚众造反，刘羽冲便训练了一队乡兵前往镇压，结果全队溃败，他本人也差点儿被俘。后来他又得到一部古代水利著作，读了一年，又声称可以把千里瘠土改造成良田。州官让他在一个村子里试验，结果沟渠刚挖成，天降大雨，洪水顺着渠道灌入村庄，村里人险些全被淹死。从此刘羽冲闷闷不乐，每天总是独自漫步在庭院里，千百遍地摇头自语道："古人岂欺我哉？"不久便在抑郁中病死。

"学无止境"，学习会伴随我们一生，如何才能在学习中真正有所收获，不是死读书、读死书就能办到的，它需要我们开动脑筋，有头脑地选择有用的、需要的知识，高效地学习和掌握，最后灵活地应用于现实生活中。

兴趣是驾驭学习的骑手

> 重要的莫过于激发孩子的渴求与热情，否则培养出来的只是驮书本的驴子。
>
> ——摘自蒙田《随笔·论对孩子的教育》

伟大的科学家爱因斯坦说过："兴趣是最好的老师。"这就是说一个人一旦对某事物有了浓厚的兴趣，就会主动去求知、去探索、去实践，例如，对美术感兴趣的人，对各种油画、美术展、摄影都会认真观赏、评点，对好的作品进行收藏、模仿；对钱币感兴趣的人，会想尽办法对古今中外的各种钱币进行收集、珍藏、研究。学习也是一样，带着兴趣去学习的人，总是不知疲倦，积极投入，一旦有所进步，就仿佛得到了世界上最大的喜悦和满足。

古今中外在某个领域取得极大成功的人，都是对自己的事业充满渴求与热情的人。而很多人之所以选择了某个事业，也往往是因为对它的兴趣与爱好。

美国著名华人学者丁肇中教授就曾经深有感触地说："任何科学研究，最重要的是要看对自己所从事的工作有没有兴趣，换句话说，也就是有没有事业心，这不能有任何强迫。……比如搞物理实验，因为我有兴趣，我可以两天两夜、甚至三天三夜在实验室里，守在仪器旁，我急切地希望发现我所要探索的东西。"正是兴趣和事业心推动了丁教授所从事的科研工作，并使他获得巨大的成功。

陈景润是一个家喻户晓的数学家，在攻克"哥德巴赫猜想"方面做出了重大贡献，创立了著名的"陈氏定理"，所以有许多人亲切地称他为"数学王子"。但有谁会想到，他的成就源于一个故事。

1937年，勤奋的陈景润考上了福州英华书院，此时正值抗日战争时期，清华大学航空工程系主任、留英博士沈元教授回福建奔丧，不想因战事被滞留家乡。几所大学得知消息，都想邀请沈教授前去讲学，但他谢绝了邀请。由于他是英华的校友，为了报答母校，他来到了这所中学为同学们讲授数学课。一天，沈元老师在数学课上给大家讲了一故事："大约在200年前，一位名叫哥德巴赫的德国数学家发现了一个有趣的现象：6=3+3，8=5+3，10=5+5，12=5+7，28=5+23，100=11+89。他据此提出了'任何一个偶数均可表示两个素数之和'，简称1+1。他一生没有证明出来，便给俄国圣彼得堡的数学家欧拉写信，请他帮助证明这道难题。欧拉接到信后，就着手计算。他费尽了脑筋，直到离开人世，也没有证明出来。但欧拉说：虽然我不能证明它，但是我确信这个结论是正确的。"

"200年来，这个哥德巴赫猜想之谜吸引了众多的数学家，但始终没有结果，成为世界数学界一大悬案。"沈元老师讲到这里还打了个形象的比喻，自然科学皇后是数学，"哥德巴赫猜想"则是皇后王冠上的明珠！

这个引人入胜的故事给陈景润留下了深刻的印象。"哥德巴赫猜想"像磁石一般吸引着陈景润，引发了他的兴趣，引发了他的勤奋。从此，陈景润开始了摘取皇冠上宝石的艰辛历程，最终成了一位伟大的数学家。

在实践活动中，兴趣能使人们工作目标明确，积极主动，从而能自觉克服各种艰难困苦，获取工作的最大成就，并能在活动过程中不断体验成功的愉悦。那么兴趣该如何培养呢？

要培养兴趣其实也并不是什么难事。首先，我们要激发自己的好奇心。我们要习惯多问"为什么"，然后开动脑筋想办法去回答"为什么"。

其次，要贵在坚持。任何一个兴趣爱好，如果总是三天打鱼两天晒网，或者遇到一点点儿挫折就知难而退，那样是不会长久的。把自己感兴趣的事情坚持一段比较长的时间，使它成为我们生活中"戒不掉"的习惯，那么这个兴趣就能伴随我们一生那么长久。

再次，要深入研究挖掘。我们对某一个专业领域产生了兴趣，就不应该局限于对其表面知识的吸收，更应该往更深的方向钻研。这就像一个学游泳的人，如果总是在浅水区扑腾，很快就会腻烦而厌倦，只有逐渐向深水区挺进，甚至在达到一定功力后，向江河湖海等更高难度的水域挑战，其兴趣才能永葆青春的激昂。

最后，要学会找伴。就像一个人吃饭会沉闷没有食欲，几个人一起吃则容易胃口大开那样，在培养兴趣的过程中，找一些志趣相同的朋友一起，会在竞争与互助中给我们许多动力。

会消化才算会学习

在评估学生的成绩时，不是看他记住多少，而是会不会生活。学生刚学到新的知识后，老师应遵照柏拉图的教学法，让他举一反三，反复实践，看他是否真正掌握，真正变为自己的东西。吞进什么，就吐出什么，这是生吞活剥、消化不良的表现。肠胃如果不改变吞进之物的外表和形状，那就是没有进行工作。

——摘自蒙田《随笔·论对孩子的教育》

柏拉图是西方最伟大的哲学家之一，他的思想涵盖了生活的许多方面，其中也包括教育。在教学方法上，柏拉图继承了他的老师苏格拉底的问答法。他认为，人在出生前就已经具有知识，只不过是出生以后忘记了。通过提问启发，能使人"回忆"起这些被遗忘的知识。

柏拉图认为，"一个自由人是不应该被迫地进行任何学习的……被迫进行的学习是不能在心灵上生根的"，因此，"请不要强迫孩子们学习，要用做游戏的方法。你可以在游戏中更好地了解到每个人的天性"。通过了解每个人的天性，就能知道对方不知道哪些知识，想要知道哪些知识，从而有针对性地用提问题的方法提醒他，使他觉悟。

与柏拉图的教学法相同，我国春秋时期的伟大思想家孔子也提倡启发式教学。孔子的启发式教学思想，最早见于《论语·述而》："不愤不启，不悱不发。举一隅不以三隅反，则不复也。"即"教导学生，不到他想弄明白而不得的时候，不要去开导他；不到他想说出来却说不出来的时候，不要去启发他。

教给他东方一角的事，他却不能由此推知西、南、北方三角的事，就不要再去教他了"。

孔子在教学实践中十分注意启发式的教学原则，坚决不做知识的灌输者。例如，子贡有所悟说："《诗》云：'如切如磋，如琢如磨。'其斯之谓与？（《诗经》上说"君子的自我修养就像加工骨器，切了还要磋；像加工玉石，琢了还要磨。"大概讲的就是这个意思吧？）"孔子听完，很高兴，说；"赐也，始可与言《诗》已矣，告诸往而知来者。"只有当学生的见识达到一定程度，孔子才肯对其往纵深方向引导。否则，宁可闭口不言，也不强行灌输其暂时无法接受的知识。

当老师的遵从柏拉图和孔子的教学原则，以启发学生为主要教学手段，可以取得很好的成效。而当学生的也应该积极地举一反三，才能使这种启发式教学顺畅地进行下去。否则，就可能在老师那里遭到"宁可闭口不言，也不强行灌输其暂时无法接受的知识"的待遇。

一座高耸入云的山上有两座寺院——普济寺和光度寺。每日清晨，两个寺院都会分别派一个小和尚——明悟和明心，到山下的集市买菜，两人每天几乎同时出门，所以总能碰面，经常暗地比试彼此的悟性。

一天，明悟和明心又碰面了，明悟问："你到哪里去？"明心答："脚到哪里，我就到哪里。"明悟听他这样说，不知如何回答才好，站在那里默默无语。买完了菜，明悟回到寺院向师父请教，师父对他说："下次你碰到他就用同样的话问他，如果他还是那样回答，你就说：'如果没有脚，你到哪里去？'"明悟听完点头称是，高兴地走了。

第二天早上，他又遇到明心，他满怀信心地问："你到哪里去？"没想到这次，明心回答道："风往哪里去，我往哪里去。"明悟没料到他换了答案，一时语塞，又败下阵来。明悟回到寺院，将对方的回答再次报告给师父听，师父哭笑不得，说："那你可以反问他'如果没有风，你到哪里去'嘛，这是一个道理啊。"明悟听了以后，暗暗下了决心，明天一定要胜过明心。

第三天，他又遇到明心，于是又问道："你到哪里去？"明心笑了笑，说："我到集市去。"明悟又一次无言以对。回到寺院，明悟的师父听了之后，感叹："举一反三地悟，才是真的'悟'啊。"

明悟虽然两次从师父那里学到了聪明的反问，却因为没有掌握其中的真义，所以面对明心变换了的回答，总是无言以对。同样的道理，做学生的如果也像明悟那样，听到一个答案就只能够回答一个问题，这样的知识就是不消化的，是不属于我们的。

我们常说，吃东西不消化是在浪费粮食，其实学习也一样，如果不能消化学到的知识，也是对我们的时间和精力的浪费。就如蒙田所认为，我们不能"只会死记硬背别人的看法和学识"，而应该"把别人的东西变成自己的"。要达到这个目的，正确的做法就是"知识应该同我们合二为一，而不仅仅是我们的房客"。让知识融入我们的思想中，让它拥有主动权，可以去举一反三、触类旁通，这样我们才能说自己思想的"消化系统"是功能良好的。

不迷信权威，要独立思考

教师要让学生自己筛选一切，不要仅仅因是权威之言而让他记在头脑里……要把这些丰富多彩的学说向他提出，他选择他能选择的，否则就让他存疑。

——摘自蒙田《随笔·论对孩子的教育》

任何形式的学习，都是会的人教给不会的人：在学校里，老师把他们拥有的知识传授给我们；日常生活中，前人把他们掌握的技巧传给后人；看书的时候，作者把他们思考得来的智慧展示给读者。一般来说，这样传递的知识都是正确的，因此我们容易相信这就是权威逐渐形成的过程。

可是，事实告诉我们，任何人都不可能永远是正确的，权威也不是。比如说，1930年冥王星被发现后，科学界基本上都认可太阳系有九颗行星的说法，可是到了2007年，冥王星被科学家们从行星行列排除出去，被我们相信了77年的"事实"终于被证明是一个错误。

既然不管课本、老师，还是权威，都不可能总是正确，那么，我们在学习知识的时候就应该学会思考和判断，对的可以完全吸收，错的就要能够否定它。而如果遇到无法判断对错的知识，我们应该学会存疑，然后想办法搜集足够的证据去证明它是对的或者是错的。这里有一个故事，值得我们深思和借鉴。

怀特森先生教的是六年级的科学课。在第一堂课上，他给学生们讲了一种叫作凯蒂旺普斯的东西，说那是种夜行兽，冰川期中无法适应环境而绝迹了。他一边说，一边把一个头骨传来传去，同学们都作了笔记，后来又进行了测验。

然而出乎学生们意料的是，他们的试卷上，竟然每道题都被打了个大大的红叉。班里每个人都没及格。为什么会这样，学生们各个心存疑惑，一定有什么地方弄错了，因为他们是完完全全按照怀特森先生所说的写的！

怀特森先生解释道：有关凯蒂旺普斯的一切都是他编造出来的。这种动物从来没有存在过。所以，他们笔记里记下的那些都是错的。

不用说，学生们都气坏了。这种测验算什么测验？这种老师算什么老师？

其实，学生们本该推断出来的。毕竟，正当传递凯蒂旺普斯的头骨（其实那是猫的头骨）时，怀特森告诉过他们有关这种动物的一切都没有遗留下来。怀特森描述了它惊人的夜间视力，它皮毛的颜色，还有许多他不可能知道的事情。他还给这种动物起了个可笑的名字。可学生们一点没有起疑心。

怀特森先生说学生们试卷上的零分是要登记在他的成绩记录簿上的。他也真的这么做了。

怀特森先生说他希望学生们从这件事当中学到点什么。课本和老师都不是一贯正确的。事实上没有人一贯正确。他要学生们时刻保持警惕，一旦认为他错了，或是课本上错了，就大胆地说出来。

上怀特森先生的课，每一次都是不寻常的探险。有些科学课学生们现在仍然能够差不多从头至尾地记起来。有一次他对学生们说他的大众牌轿车是活的生物。于是，学生们花了整整两天时间才拼凑了一篇在他那里通得过的驳论。他不肯"放过"学生们，直到学生们证明他们不但知道什么叫生物，而且还有坚持真理的毅力时，他才罢休。

学生们把他们这种崭新的怀疑主义带进了所有课的课堂。这就给那些不习惯被怀疑的老师带来了问题。

不仅如此，学生们还从怀特森先生那里学到了与怀疑主义同等重要的东西，那就是正视某个人的眼睛，告诉他："你错了！"

　　学习就应像怀特森先生要求的那样，有勇气去怀疑和指出别人的错误，有毅力去证明自己认为正确的事情。我们只有通过这样的独立思考，才能把知识真正融化在自己的血液里，才能驾驭知识，而不是像稻草人那样被知识填充。

　　在生活和学习中，遇到自己的意见和"权威意见"相冲突的情况并不少见。如果我们没有经过思考就主动扔掉自己的看法，那么我们就会养成依附权威的习惯，没有办法在这个世界上发出自己的声音，永远只能做个跟随者甚至盲从者。

　　孔子曾经说过："当仁，不让于师。"亚里士多德也曾说过："吾爱吾师，吾更爱真理。"当我们的意见与权威发生冲突的时候，我们要考虑的不应该是权威的地位，而应该是真理的力量，我们的心应该永远站在真理的那一边。

游学，让学习生动起来

> 周游列国……要把这些国家的特点和生活方式带回来，用别人的智慧来完善我们的大脑。我希望，在孩子年幼时，就带他们周游列国；为了一举两得，可以先从语言相差很大的邻国开始，因为如不极早训练孩子的舌头，长大了就难学好外语。
>
> ——摘自蒙田《随笔·论对孩子的教育》

所谓"游学"，就是"远游异地，从师学习"。这种学习的方法在国内和国外都有着很悠久的历史。

在我国的春秋时期，孔子在杏林设帐讲学，他的很多学生就是从其他诸侯国不远万里而来的。后来孔子周游列国，他的不少学生也一直跟随。孔子自己也曾经专门到洛阳去拜访老子，向他学习。

到了洛阳，孔子师徒等了好几天，终于见到了老子。

一早，老子便把孔子师徒几人引入大堂，待入座之后，孔子便迫不及待地表明来意：我久慕先生威名，这次带愚徒几人特来拜谒。请问先生近来修道进展如何？

孔子几人正准备洗耳恭听，不想老子却张嘴大笑道："你们看我这些牙齿如何？"孔子师徒莫名其妙地看了看老子的牙齿——七零八落，早已参差不全了。于是，他们摇了摇头，谁也不明白老子的意图。这时候，老子伸出自己的舌头问："那么，我这舌头呢？"孔子师徒又仔细看了看老子的舌头，这时孔子突然有所领悟，微笑着答道："先生果然学识渊博！"

老子这时说："想必先生已经清楚我修道几成了吧？"孔子会心地点了点头说："如醍醐灌顶，方才大悟！"

午后，师徒几人便辞别老子，起身返回鲁国。途中，孔子如获至宝，弟子子路却疑云重重，不得释然。颜回问其何故，子路说："我们大老远跑到洛阳，原本想求学于老子，没想到他什么也不肯教给我们，只让看了看他的嘴巴，这也太无礼了吧？"

颜回答道："我们这次来不枉此行，老子先生传授了我们别处学不来的大智慧。他张开嘴让我们看他的牙齿，意在告诉我们：牙齿虽硬，但是上下碰磨久了，也难免残缺不全；他又让我们看他的舌头，意思是说：舌头虽软，但能以柔克刚，所以至今完整无缺。"

子路听后恍然大悟。

颜回继续道："这恰如征途中的流水虽然柔软，但面对当道的山石，它却能穿山破石，最终把山石都抛在身后；穿行的风虽然虚无，但它发起脾气来，也能撼倒大树，把它连根拔起……"

孔子听后大赞："颜回果然窥一斑而知全豹，闻一言而通万里！"

像孔子和颜回这样，能够从异国学者身上学到真知灼见，那是体现了该次游学的价值。"游学"重要的是要在旅游中学，要在学习中提升自己。

虽然我国自古有"父母在，不远游"的家训，但同时也有"读万卷书，行万里路"的倡言，所以自古以来，游学的风气在我国都是颇为盛行的。特别是在盛唐时期，游学几乎成了每一个士子必修的课程。像大诗人李白年少时即走出蜀地，26岁"仗剑出国，辞亲远游"，用3年时间"南穷苍梧，东涉溟海"，16年漫游大江南北。可以想见，如果没有这些丰富多彩的游历生活和广泛的社交活动，他那自由傲岸的性格和雄奇豪放、瑰丽绚烂的诗风肯定会大大失色。

由于古代西方特殊的自然地理和人文环境，西方人大都在少年时即开始游学，而不是像我国古人那样成年之后才开始。亚里士多德11岁时即外出求学，一边周游各地，一边学习，掌握了很多书本外的知识。一代乐圣莫扎特6岁时就随父亲和姐姐周游欧洲，开始了长达十年的旅行演出。还有法国启蒙思想家卢梭幼年丧母，从未进过学校，但很小却走遍了全瑞士，并到过法国很多地方，还结识了狄德罗、伏尔泰、孔狄亚克等启蒙思想家。正是广泛的游学，让他们拥有了精湛的学识和远大的胸怀。

现代，我们很少能再像古人那样，自由地在列国之间游学，更多的是追随旅游团、夏令营等集体一起行动。虽然这样的形式会大大限制了我们在旅游中学习的深度与广度，但如果能充分体会旅途中的见闻，学会在平凡的现象底下挖掘真理，我们的收获依然可以很丰富。

复旦附中培养创新型人才的"菁青计划"，将国内游学列为重要一环——每年组织学生赴云南、贵州等中西部偏远山区考察。一个名叫张琦琦的同学，有一年暑假赴贵阳的乌江复旦中学考察，第一次乘20多个小时火车，再乘汽车翻越两座山才到达，漫长的行程让她理解了中国"幅员辽阔"的含义。体验了当地的条件艰苦后，她才明白自己在上海物质条件优越，是"身在福中不知福"。当地的实际"没有想象的那么落后，也不像想象中那么先进"——有电视，也能上网，很多老师上课也用多媒体；但由于出山不易，多数同龄人的知识都是从媒体和书本上学得，缺乏直接体验，与上海学生的见识差距很大。

游学，往往是两个地方日常生活的简单对比，就能让我们从中领悟一些道理，那是我们在家里一辈子皓首穷经也不见得能琢磨透的。

心灵要锤炼，肌肉也需锻炼

不光要锤炼他们的心灵，还要锻炼他们的肌肉。心灵若无肌肉支撑，孤身承担双重任务，会不堪重负。

——摘自蒙田《随笔·论对孩子的教育》

很多人认为，现代是知识的时代，所以只要努力学习好知识就够了，是否参加体育锻炼，体魄是否强健，这些都属于个人问题，不应该成为时代的要求。可是，真正懂得健康重要性的人会明白，具有良好的体力状况对一个人的才能充分发挥具有不可忽视的意义。沙皇彼得一世就是一个很好的例子。

1682年6月沙皇伊凡五世去世后，俄国贵族在拥立新沙皇这个问题上发生重大分歧，分为两派：一部分拥立伊凡；一部分拥护彼得。后来两派妥协，共同拥戴伊凡和彼得同时任沙皇，但由于他们都还年幼，所以由姐姐索菲亚摄政。在这个复杂的形势下，斗争首先在伊凡与彼得之间进行，伊凡身体条件极差，瘦小羸弱，痴愚无能；而彼得体格健壮，性情粗野，有人君之度，更多的时候是他临朝视事。由于他的身体和性格的优越，经常和伙伴们与当时俄军精锐射击军混在一块戏闹，因此渐渐得到元老重臣和军队的支持，实际上，1689年伊凡的沙皇称号就已经被废除了。后来，年仅17岁的彼得以超凡的魄力和手段，在军队的支持下粉碎了姐姐索菲亚的政变企图，夺回政权，亲理朝政。这就是历史上赫赫有名的沙皇彼得一世！他用自己的铁腕手段，征服了俄国的愚昧和落后，终于使俄国一跃成为横跨亚欧大陆的一大帝国，彼得一世也因此名垂青史。

俗话说，身体是革命的本钱。强健的体魄让彼得能够有充分的时间去学习治国知识，和各种行军作战的技能，让他有旺盛的精力去发挥才智，处理各种事务，这正是他能成为一代枭雄的基础。

那么，强健的身体从何而来呢？人的身体犹如一台机器，是否善于保养对它的性能和寿命都有至关重要的影响。举个例子，我们有时候可能因为急事需要借同学的自行车，一骑上去就知道车主是否会保养，那些不会保养的不是龙头歪了，就是闸不灵，不是铃不响，就是胎没气。同样的车子，善不善于保养，对车的寿命影响非常大。人也是如此。要想获得强健的身体，就需要在日常生活中处处保养，时时保养，要有规律的生活习惯，要有科学的饮食习惯，要有乐观豁达的心态，另外还需要加强锻炼，这也就是蒙田所说的"还要锻炼他们的肌肉"。

古代希腊哲学家亚里士多德就曾经说："最使人衰竭，最容易损害一个人的，莫过于长期不从事体力劳动。"然而，体力劳动在都市生活中比较少有，因此体育运动就成了大多数人的首选。

当然，我们强调体育运动的重要性，但绝不是说运动量越大越好，要适度，要因人而异，特别是对一些身体素质较差的人更是如此。运动能够使人健康，关键在于长期坚持。即使是职业运动员，如果中断运动，也不能保持良好的身体素质。事实证明，常动可以保持机能的兴奋状态。沙法德在《体育运动与寿命》中说到："如果能坚持不懈地进行适当运动，可以把人的生理机能的减退平均推迟8至9年。"我国唐代著名医学家和养生学家孙思邈，也曾精辟地分析说："身体常使小劳，则百达和畅，怡情放怀气血长养，精神内在，经络运动，外邪难袭，譬如水流不污，户枢不朽。"过度的学习或工作会使我们精力不振，身体瘦弱，治疗它的最佳办法就是循序渐进地坚持长期的体育运动。

长期的体育运动并不需要特别激烈或隆重的形式，最简单的爬楼梯就能收到很不错的效果，可以成为那些没有条件进行体育锻炼之人的首选活动。据统计，只要我们每天爬五十级楼梯，我们患心脏病的机会就会大为减少。有人对美国的企业精英曾经做过测验，结果显示，每天爬五十级楼梯确实大量减少了他们患心脏病的概率。

拥有健康的身体方能努力学习和工作，方能尽情享受生活和快乐。每天抽出一点时间进行体力活动，对我们的健康负责，也就是对我们的未来和人生负责。而且在进行体育锻炼的时候，我们往往需要坚持不懈的精神来支撑。这种人类意志力的能量从体育锻炼中产生，又被人们运用到日常生活、学习和工作上，是体育运动最迷人的魅力之一。

全国政协委员、广州呼吸疾病研究所所长钟南山，除了是著名的"抗非英雄"，还是一位体育健将。时至今日，北京大学医学部还有他创下的几项运动纪录无人能破。他曾说："体育锻炼教给我不服输、力争上游的精神，就像跑一百米，你是12秒，我就要跑到11秒8。在我的工作中，这种不服输的精神一直支撑着我。"

第三章
扔掉坏习惯，让自己更出色

习惯是专制的独裁者

> 习惯是一个粗暴而阴险的教师。它悄悄地在我们身上建立起权威，起初温和而谦恭，时间一久，便深深扎根，最终露出凶悍而专制的面目，我们再也没有自由，甚至不敢抬头看它一眼。
>
> ——摘自蒙田《随笔·论习惯及不要轻易改变一种根深蒂固的习俗》

习惯，指人们逐渐养成而不易改变的行为。关于习惯，我国有句谚语形容得非常贴切："习惯之始，如蛛丝；习惯之后，如绳索。"在习惯养成之前，我们要坚持做一件事情是很难的，就像蛛丝，轻轻一扯就会断；但是习惯一旦养成，它就好像绑缚我们的绳索，要挣脱它就不是那么容易了。所以蒙田才会说，习惯在我们身上建立起权威之前，总是表现得温和而谦恭，但在它成功扎根在我们身上之后，就露出凶悍而专制的面目，使我们丧失自由。所以现代畅销书作家高汀才会说："习惯，我们每个人或多或少都是它的奴隶。"下面大象的故事就是一个很好的例子。

在印度和泰国，经常会看到大象被人用细细的链子牵着，不挣扎也不反抗。人们在感叹这陆地上个头最大的动物反而最温顺的同时，却不知大象的敦厚温良也是培养出来的：当大象还是小象的时候，驯象人用粗铁链将它拴在水泥柱或钢柱上，无论它怎么挣扎都无法挣脱。小象渐渐地习惯了不挣扎，直到长成了大象，可以轻而易举地挣脱链子时，也不挣扎了。

小象是被链子绑住，而大象则是被习惯绑住。

由于人都有好逸恶劳的天性，在需要付出和努力的时候常常很难坚持，所以坏习惯总是很容易建立，好习惯却很难树立起来。比如，我们可以毫不费事地养成睡懒觉的习惯，但要养成天天晨跑的习惯就比较难。而且坏习惯一旦养成，就会霸道地控制我们的行为。

美国石油大亨保罗·盖蒂曾经是个大烟鬼，烟抽得很凶。有一次，他度假开车经过法国，天降大雨，开了几小时车后，他在一个小城的旅馆过夜。吃过晚饭，疲惫的他很快就进入了梦乡。

凌晨两点钟，盖蒂醒来，他想抽一根烟。打开灯，他自然地伸手去抓睡前放在桌上的烟盒，不料里头却是空的。他下了床，搜寻衣服口袋，一无所获。他又搜索行李，希望能发现他无意中留下的一包烟，结果又失望了。这时候，旅馆的餐厅、酒吧早关门了，而他也知道，这个时候把不耐烦的门房叫过来也是不现实的。他唯一有希望得到香烟的办法，就是穿上衣服走出去，到6条街外的火车站去买。因为他的汽车停在距旅馆有一段距离的车房里，车房的门已经关上，开门时间要到早上6点。

越是没有烟，想抽的欲望就越大，这是有烟瘾的人都有的体验。于是，盖蒂脱下睡衣，穿好了出门的衣服。在伸手去拿雨衣的时候，他突然笑了起来，笑自己傻。他突然觉得，自己的行为实在荒唐可笑。

盖蒂站在那里，心里不停地想着，一个所谓的知识分子，一个商人，一个认为自己有足够的智慧可以对别人下命令的人，居然在三更半夜要离开舒适的旅馆，冒着大雨走上好几条街，仅仅是为了得到一支烟。这是一个什么样的习惯？这个习惯的力量有多么强大？

盖蒂生平第一次注意到，他现在早就养成了一个习惯，那就是为了一个不好的习惯，他可以放弃极大的舒适。看来，这个习惯对他并没有什么好处。于是，他的头脑立刻就清醒了过来，很快他就做出了决定。

盖蒂走到桌子旁边，把那个烟盒团起来扔了出去，然后重新换上睡衣，回到舒服的床上。心里怀着一种解脱，甚至是一种胜利的感觉，他很满足地关上灯，合上眼。在窗外的雨声里，盖蒂进入了一个从来没有过的深沉的睡眠。

自从那个晚上之后，盖蒂再也没抽过一根烟，也再没有想过要抽烟。

盖蒂说，他并不是想用这件事来指责那些有抽烟习惯的人。但是他经常回忆那天晚上的情形，他只是为了表示，按照他当时的情况，他差点被一种恶习俘虏。

如果说抽烟是一个坏习惯，那么，正如盖蒂意识到的那样，我们为了一个坏习惯而放弃极大的舒适，这更是一个没有好处甚至比抽烟更坏的习惯。

所以说，有些时候，我们失败了，甚至败得一塌糊涂，却不是败给了谁，而是败给了我们的某种习惯、某种思维定式、某种习惯的性格倾向！这就验证了蒙田的另一句话："习惯使原本未必办不到的事变得办不到了。"

习惯是一点一滴、循环往复、无数重复的行为动作养成的。好的习惯是一种坚持，而坏的习惯则是一种惰性。习惯的影响力之巨大，不但影响着我们面对人和事物的心态，也影响着我们的想法，更决定了我们一生的命运。

改变坏习惯，先改变错误思想

> 应该认真教导孩子憎恨他的本质上的恶习，使他们认识到这些恶习天生的丑陋性，要他们不仅在行动上，尤其在思想上做到防微杜渐，不管恶习怎样伪装，心里闪一下念头都是令人憎恶的。
>
> ——摘自蒙田《随笔·论对孩子的教育》

华人首富李嘉诚先生曾经说过："栽种思想，成就行为；栽种行为，成就习惯；栽种习惯，成就性格；栽种性格，成就命运！"可见思想是我们所有行动的根源，我们的习惯也是由它来掌控的。正确的思想会帮助我们形成良好的习惯，而错误的思想则会使我们养成不良的习惯。所以蒙田才说，对于一个人的恶习，要从思想上去认识它、防范它、憎恶它。

上帝想改变一个乞丐的命运，就化作一个老人前来点化他。

他问乞丐："假如我给你1000元，你如何用它？"

乞丐回答说："这太好了，我可以买一部手机呀！"

上帝不解，问他："为什么要买一部手机？"

"我可以用手机同城市的各个地区联系，哪里人多，我就可以到哪里去乞讨。"乞丐回答说。

上帝很失望，又问："假如我给你10万元呢？"

乞丐说："那我可以买一部车。以后，我再出去乞讨就方便了，再远的地方也可以很快赶到。"

上帝感到很悲哀，这一次，他狠狠心说："假如我给你1000万元呢？"

乞丐听罢，眼里闪着光亮说："太好了，我可以把这个城市最繁华的地区全买下来。"

上帝挺高兴。

这时，乞丐补充了一句："到那时，我可以把我的领地里的其他乞丐全撵走，不让他们抢我的饭碗。"

上帝听罢，黯然离去。

一个人的固有思想如果不改变，他的行为也不会有改善，他的坏习惯就会被继续坚持，那么即使遇到扭转人生的机遇，也只会白白浪费。所以，面对思想顽固的乞丐，上帝也只能感叹自己的无能为力。可见，如果我们要防止一种坏习惯的产生，或者要改正已经存在的一种坏习惯，就一定要从思想上深刻地认识它的本质，要透过伪装看到它的丑陋本性。

法国卡仰大学的普丽娜教育孩子的独特方式值得我们借鉴。普丽娜是一个有着两个孩子的单亲母亲，女儿艾丽莎9岁，上小学三年级，儿子哈雷7岁，刚上一年级。

有一次，普丽娜早上刚来到办公室，就接到了女儿艾丽莎打来的电话，艾丽莎在电话里大声说道："妈妈，快来救我，我把数学课本丢在家里了，马上就要上课了，没有课本肯定要挨老师批的，快马上给我送来，拜托，拜托！"

这要是换成国内的父母，肯定立即放下电话就给孩子送书去。更何况从办公室到普丽娜的家，再到学校，整个路程步行只需要10分钟，上趟厕所的工夫。

但是，出乎意料的是，普丽娜没有离开办公室去帮女儿送书，也没有吩咐家里的保姆去送。她是这样在电话里对艾丽莎说的："妈妈在上班，上班就有自己的工作责任和约束，不能随便离开的，哪怕离开的时间极短暂。妈妈也相信你一定有能力处理好这件事。"说完这些话后，普丽娜就挂了电话。很快，艾丽莎又连续打来两次电话，但普丽娜都没有去接。坐在一旁的中国同事，觉得这样不太好，不就是送一本书嘛，于是连忙说："要不我帮你送吧，反正手头上也没有什么事情。"普丽娜连连摆手说："千万不要这样，这是艾丽莎自己的错误，是她自己的事情，因此她就要自己承担起这个责任，如果我们轻描淡写地就给她送过去了，她一定不会吸取这次失误的教训，下次还会再犯的。"

"可是，她会被老师批评呀，会漏下一节课的！"中国同事说。

"批评又怎样，一节课不上又能怎样？"普丽娜回应道。

第二天，一到办公室，中国同事便问普丽娜："艾丽莎处理好昨天的事情了吗？"普丽娜微笑地点头，说："她到隔壁班上去借了，没有被老师批评。"

这次事情发生不久后，普丽娜还告诉这位中国同事，现在每天离家上学之前，艾丽莎都会自觉主动地检查自己的书包，看看有没有遗忘的书本，"因为她知道，妈妈是绝对不会帮她送的"。

普丽娜说得对，如果她帮艾丽莎把书送过去，艾丽莎对坏习惯给生活带来的危害的认识，就只会停留在表面上，而不能从本质中得到深刻体会。艾丽莎能够下定决心改掉坏习惯，并且自觉自发地养成细心检查的好习惯，有赖于她从思想上对这个问题的看法的转变。

如果说习惯是一颗种子，那么思想就是提供它生命能量的养料。对于坏习惯，只有改变错误思想，切断能量的供给，才能使它彻底枯萎。把所有养料专一提供给好习惯，我们的行为"花园"就能长满有益的植物，呈现欣欣向荣的景象。

坏习惯要从小预防和根除

> 我发现，我们身上最大的恶习是从小养成的。……因孩子年幼或事情不大就原谅他们的不良倾向，这是后患无穷的教育方法。
>
> ——摘自蒙田《随笔·论习惯及不要轻易改变一种根深蒂固的习俗》

一个人要养成良好的习惯，应该从小就加以训练和培养。教育专家告诉我们，凡人生所需之重要习惯、倾向、态度，多半可以在6岁以前培养成功。换句话说，6岁以前是人格陶冶最重要的时期。这个时期如果培养得好，以后只要顺其自然，就可以成为社会的栋梁之材；倘使这个时期没有教育好，那么，长大以后再矫正就会非常困难，因为"习惯成了不易改，倾向定了不易移，态度坏了不易变"。

出于从小培养孩子养成良好习惯，防止他长大后成为言而无信的人的目的，我国春秋时期的著名思想家曾子甚至为了一句玩笑话而杀了一头猪。

有一天，曾子的妻子要去赶集，孩子哭着叫着要和母亲一块儿去。于是母亲骗他说："乖孩子，待在家里等娘，娘赶集回来给你杀猪吃。"孩子信以为真，一边欢天喜地地跑回家，一边喊着："有肉吃了，有肉吃了。"

孩子一整天都待在家里等妈妈回来，村子里的小伙伴来找他玩，他都拒绝了。他靠在墙根下一边晒太阳一边想象着猪肉的味道，心里甭提多高兴了。

傍晚，孩子远远地看见了妈妈回来了，他一边三步并作两步地跑上前去迎接，一边喊着："快杀猪，快杀猪，我都快要馋死了。"

曾子的妻子说："一头猪顶咱家两三个月的口粮，怎么能随随便便杀猪呢？"

孩子"哇"的一声就哭了。

曾子闻声而来，知道了事情的真相以后，二话没说，转身就回到屋子里。过一会儿，他举着菜刀出来了，径直奔向猪圈。

妻子不解地问："你举着菜刀跑到猪圈里干啥？"

曾子毫不思索地回答："杀猪"。

妻子听了扑哧一声笑了："不过年不过节杀什么猪呢？"

曾子严肃地说："你不是答应过孩子要杀猪给他吃吗？既然答应了就应该做到。"

妻子说："我只不过是骗骗孩子，和小孩子说话何必当真呢？"

曾子说："对孩子就更应该说到做到了，不然，这不是明摆着让孩子学着家长撒谎吗？大人都说话不算话，以后有什么资格教育孩子呢？"

妻子听后惭愧地低下了头，夫妻俩真的杀了猪给孩子吃，并且宴请了乡亲们，告诉乡亲们教育孩子要以身作则。

虽然曾子的做法遭到一些人的嘲笑，但是他却教育出了诚实守信的孩子。曾子杀猪的故事一直流传至今，他的人品一直为后代人所尊敬。

好习惯要从小培养，坏习惯也要从小预防和根除，要不然就会"小时偷针，大时偷金"，小时候的小毛病铸成长大以后的大错。这并不是危言耸听，社会上有许多例子都在为我们敲响这个警钟。2009年8月份，福建省泉州市洛江区警方破获一起"富家公子"连续抢劫案，犯案嫌疑人之一的何某就是从小被家里人过分宠爱，经常偷拿家里的钱不受责备，沉迷电脑游戏寻刺激也被纵容，才导致后来为了寻找刺激而抢劫，以致触犯法律获刑的悲剧。需要注意的是，蒙田所说的"小"有两层含义，一层是说"年幼"的时候，一层则是指"事情不大"，也就是习惯养成的最初时期。这个时期，习惯还没有定型，是最容易纠正的时期。

　　既然坏习惯要从小预防和跟踪，而且一旦养成就很难改变，那么我们应该如何对待自己的坏习惯呢？

　　首先，我们应该看到，习惯难以改变但不代表不可改变。人们常常将习惯比喻为一棵树，在还未长大前，它是一棵小树苗，我们很轻易就可以把它拔除。当它长成参天大树后，虽然要推翻它很困难，但我们有斧头，有电锯，有锄头和挖掘机，一个人不够的话我们还可以找人来帮忙，因此推翻参天大树，清除已经形成的习惯，也是可以办到的，关键是我们要有决心和毅力。

　　其次，我们应该停止对坏习惯的重复和巩固。美国著名教育家曼恩说："习惯仿佛像一根缆绳，我们每天给它缠上一股新索，要不了多久，它就会变得牢不可破。"如果我们发现自己的某个习惯是不好的，那么我们应该立刻停止对它的重复。一根缆绳不再增添新索，它的巩固程度就不会增加，日深月久就会被风化变得不再牢固。我们的习惯也一样，我们不再重复它，时间一长就会渐渐被淡忘。

　　最后，我们还应该谨防新的坏习惯的养成。一个人只要活着，每时每刻都可能开始一个新的习惯。我们不仅要从小时候起就防止坏习惯的产生，我们还要一生都坚持对坏习惯的预防。其办法就是做好每一件小事，不要因为事情不大就轻易原谅自己的疏忽。要知道习惯有时候也像空气，一有漏洞就会往我们身上钻。

无病不要装病

当孩子装独眼、瘸子、斜眼以及人体上的其他缺陷时，母亲斥责他们是很对的。因为除了他们身体娇弱会养成坏习惯，我不知什么道理还觉得，命运会罚我们弄假成真。

——摘自蒙田《随笔·无病不要装病》

蒙田认为，无病的人不要装病，就如他引用的凯利乌斯的例子。凯利乌斯因为不想去讨好罗马的权贵，参加他们的起床礼仪，侍候他们，跟随他们，所以假装患有风湿病。为了装得像模像样，他在两腿上涂了油，上了绑带，举止行动也模仿风湿病人。后来，由于双腿缺乏足够的运动，加上绑带与敷药产生的热量引起身上生出致病的体液，凯利乌斯真的得了风湿病，再也不用装假了。

蒙田说他以前有一个习惯，就是不论骑马和步行，手里都拿根手杖或棍子，甚至假装风雅，矫揉造作地撑着。别人警告他如此装模作样有一天可能会弄假成真。

的确，很多时候，我们可能像孩子那样出于贪玩，可能像蒙田这样为了假装风雅，也有可能像凯利乌斯那样，是为了躲避生活中的一些麻烦，而主动选择了一种不健康的习惯。这种习惯往往像一颗糖衣炮弹，一开始可能让我们觉得甜蜜、快乐，但当它爆炸的时候，我们的生活很有可能整个被炸垮。瑞士心理学家荣格小时候就差一点因为装病而失去了健康。

上小学的时候，有一天放学途中，荣格跟同学们追逐嬉戏，玩得激烈疯狂。一个不小心，从土堤上跌落，头部直撞堤基，晕了过去，不省人事。醒过来时，已经是夜里时分，他正躺在自己的床铺上。

第二天早晨，头还有些疼痛。荣格盘算着要不要去上学，又思及当天要考试，前一天晚上又没有复习，于是借故在家休息一天。第三天又想到功课没有做，仍以头痛当借口，请假在家。从此，每天早晨上学时间，就头痛头晕起来，无法上学。他就这样辍学在家，成为因病卧床的孩子。

日子一天天地过去，父亲为他的病更着急。有一天，他躺在病榻上，听着父亲和朋友闲聊。话题聊到孩子的伤病上，父亲叹了一口气说："我毕生的积蓄，都因孩子的病而花光了！往后日子不晓得怎么过。"

荣格躺在床上，竖起耳朵听着父亲的担忧和感叹，心中自言自语地说："天啊！我已经把父亲逼得走投无路了！我不能再拖下去了！明天一定要去上学才行。"第二天一大早他坚持上学，但半途就倒了下来，被扶回了家。第三天一大早他仍坚持上学，勉强支持了一天。从此以后，他渐渐适应，也恢复了健康。

后来，荣格成了一名世界级的心理学大师，专攻精神医学。而他对于小时候的这段经历也深有感触，他说："当时，我已经有一点了解什么叫精神疾病了。"——他小时候的头痛病，在现代医学上来说，不是一种身体疾病，而是一种心理疾病，称为精神官能症（属于功能性心理障碍的一类心理疾病）。

习惯不是一天两天养成的，而是经过一天一天、多次的重复才养成的，好习惯如此，坏习惯亦如此。蒙田引用塞涅卡的话说，盲人至少会叫别人领着走，而我们则自己走上歧路。无病装病，就是走上远离健康的歧路；养成坏习惯，就是走上远离幸福和人生目标的歧路。所谓跬步能积千里，我们如果放任自己这样一步一步地前行，就会进入一个错误的人生。

十岁那年，因为一场车祸，李小力身患残疾。自此，他那颗小小的心就开始自卑得要命。从此，体育课他就不再上了，而每一位体育老师，也从不要求他上体育课，直到上初中。

上初中时，教体育课的是一位姓杨的老师。第一节课时，李小力习惯性地告诉杨老师，自己有病不能上体育课。杨老师说："你怎么不能上体育课，我看你是能上的，我知道你腿不太好，但还不至于你连体育课都不上。"李小力固执地站着不动，杨老师看着他，口气缓和了一下，说："这样吧，你和我们一起做广播操总可以吧。"看着杨老师那征求的目光，李小力点头同意了。

杨老师领学生们做了一套广播体操后，就在沙坑边指导同学们跳高。李小力正站在旁边看同学们一个个从跳杆上跳过去，以为根本就没有自己的事时，突然听到杨老师叫自己："你，该你跳了。"李小力不相信地看着他："什么，让我也跳高，我一个瘸子，能行吗？杨老师这样做，不成心让我难堪吗？"李小力站着不动，目光里有了一种敌视。

杨老师以为李小力没听见，就又一遍大声叫他的名字。李小力气愤地说："不，我不行的，你明知道我是这样子，为什么非要我这样做？"杨老师说："你看看这跳杆的高度，我知道你是能跳过去的，你为什么不跳呢？你的腿没有你想象的那么严重，你自己一定要把自己当成一个残疾人、窝囊废，而不敢去面对这个跳杆，那我又有什么办法呢？"

李小力突然像疯了一样向跳杆冲刺过去。对"残疾人"这个字眼，他是最敏感不过了，他在心里咒骂道：这个可恶的杨老师一点同情心都没有，却这样刺激我，我一定要跳过那个跳杆。等跌落在沙坑之后他回头看，跳杆竟然纹丝不动。他不相信自己真的跳过去了。杨老师的声音又冷冷的，他说："再来一次。"起跑、冲刺、住跳，李小力又轻松地跳过去了。杨老师看都不看他一眼，仍然冷冷地说："再跳一次。"第三次，李小力是含着泪水轻松地跳过了那个高度。

那节体育课后，李小力噙着眼中的泪水，心中恨死了这个新来的体育老师，当他一瘸一拐地正要离开操场时，感到肩膀上被人轻轻地拍了一下，回过头，是杨老师。他说："你知道吗，其实在你第二次第三次起跳的时候，我都暗暗地不断把跳杆往上抬升了，但是你仍然跳了过去，你的腿我早就观察过了，真的没那么严重，现在你正是长身体的时候，多锻炼锻炼对你那条腿是有好处的，你一直以为你不行，是因为在你的心中早已为自己设置了限制。记着，以后不管什么时候都不要给自己设限，而是要把跳杆不断往上抬，你照样能跳过去。"

李小力眼中含的泪水突然就顺着脸颊淌了下来：原来，自己不但跳过去了，而且跳杆是在不断地往上抬着呀；原来，我也可以跳得很高呀。

李小力开始和同学们一起出早操，一起跑步了，每次上体育课时，他一次又一次扑向沙坑边的跳杆时，都主动地把跳杆不断往上抬，一次次往上，一次次成功超越。初三时，他发现，自己那条残疾的腿脚着地时竟然非常有力了，而且，走路的时候，似乎也不那么瘸了。

是在障碍面前主动投降，还是走上岔路对其回避，还是勇敢地跨越障碍坚定前行？决定人生的轨迹怎样铺展，关键在于我们的心做出什么样的选择。"要把跳杆不断往上抬，你照样能跳过去。"只有勇敢地冲破坏习惯的限制，我们的人生才会不断地突破。

不给错误藏身的地方

批评他人身上和我相同的错误，同我常做的那样，批评我身上和他人一样的错误，我认为这两者不是水火不相容的。对错误，就应该随时随地予以指责，使它们没有藏身之地。

——摘自蒙田《随笔·论对孩子的教育》

错误，在每个人身上都会出现。往往存在于别人身上的错误，我们很容易发现，但存在于自己身上的错误，我们就很难看得到。其实这都是因为我们少了几分勇敢和诚实的品质。蒙田说，要使错误没有藏身之地。因此我们应该学会发现自身的错误。

这里有一个美国的故事。不过，故事发生的时候，这个地方还不能叫美国，只能叫英国的北美殖民地。

在一个种植园主的家里，有一个不满10岁的孩子。

这一天，孩子的父亲带回来一把小斧子。他把斧子放在家里，自己有别的事情出去了。

这孩子觉得那把斧子很可爱，就把它拿在手里玩起来，斧子闪着光亮，究竟快不快呢？他想试一试。

他家房子后面有一个樱桃园。在孩子的眼中，这就是一片树林。樱桃树也是树，和别的树一样。孩子看见过大人用斧子砍树，他也要学样。砍哪一棵呢？他选了一棵最细的，用力挥动斧子砍下去，想不到一下子就把那棵树砍断了。

孩子感到自己可能是闯了祸，赶快把斧子放回原处。

父亲回到家里，发现樱桃树被砍掉一棵，这一棵正是一个好品种，是他最喜爱的。

正在父亲怒不可遏地查问是谁干的错事时，孩子走到父亲身边说："爸爸，是我。"

父亲了解清楚情况之后，没有责罚孩子。他把孩子搂在怀里说："我为你的诚实高兴，因为这是比100棵樱桃树还要宝贵的东西。"

这个孩子名叫乔治·华盛顿。他后来成了北美起义部队的总司令。在他的领导下，北美起义部队打败了英国殖民者，实现了美国的独立。华盛顿深受军民的信任与拥护，被选为美国第一任总统，他的名字还被用来命名美国的首都——华盛顿。

著名国学大师南怀瑾说："君子错了就会自己承认，所以一经发现过错，就要勇于改正，这才是真学问、真道德。"华盛顿从小就能够做到勇于承认和改正错误，有如此见识与道德的人，最后成就辉煌的事业，也就不足为奇了。

也有时候，我们对自己的错误不是看不见，而只是犯了人们的通病，在知道是自己错了的下一秒钟，找出很多理由来，然后越想自己越没有错。其实，"人无完人，金无足赤"。关公大意失荆州、廉颇负荆请罪的故事妇孺皆知。犯错误是正常的，关键是看你如何面对。下面这个故事值得我们借鉴。

在Hamil公司，《员工手册》规定员工拥有对自己所犯错误进行申诉的权利和机会，但不赞成员工有意为自己的错误找借口和理由。

做错了事，总得有个理由吧？再说这世界没有谁乐意承认自己的错误。王林一直这么想的，所以一直都在不自觉地为自己所犯的错误找一些"美丽"的理由。

公司驻华总代表是Hans，当初是他将王林招进Hamil的。王林工作一直很认真，同事们也都说王林是公司最认真的那个，但Hans却不这么认为，因为他三天两头就会找出王林工作中的"错误"，那些在王林看来根本不存在的"错误"。

有一次，王林接到客户的一个设计更改要求，由于负责设计的工程师在印尼出差，而且客户也不是催得特别紧，王林决定等设计工程师回上海后再行商讨。没想到一个星期后客户一个电话打到Hans那里，说公司对他们的要求不重视。

Hans问王林是怎么一回事，王林将前因后果告诉他，并特别强调负责设计的工程师正在印尼出差。

"你这不是理由啊！" Hans大声嚷道："你可以发邮件给他，然后由他来安排别人完成！"

"但是，即便发给他了，他也无法安排其他的人完成啊！"王林辩解道。

"你说的没错！但如果你发了邮件给他，你就没有责任了！现在的问题是你没有安排！这是你的失职！"Hans生气地说道，"你或许可以找出很多理由来解释，但我不希望你给一个错误找理由！"

简直不可理喻，回到办公室后又看到就此事发给公司全体员工的公开批评信，气得王林差点摔掉桌上的笔记本电脑。只是毕竟理亏在先，再说批评邮件中也并没有提到要扣工资，王林的气也就慢慢消了。

所谓福无双至，祸不单行，一个月后王林真的犯了一个大错！他将一台价值5万欧元的设备型号搞错了，设备运到时他才发现。这不仅意味着他为公司订了一台价值不菲的废品，而且重新订货意味着必须向客户赔偿工程延期损失。

这个错误太大了，简直不可饶恕！王林做好了最坏的打算，他打电话给Hans，却没有人接。他只好给他写了一封邮件，告诉他自己犯的错误。

王林焦急地等待Hans的回信，15分钟后，Hans拨通王林的电话，只说了一句话："还等什么，赶快重新订货！"

一个小时后，王林收到了他的邮件，上面只写了两句话："只要你在工作，你就会犯错误！祝你下午有个好心情！"

那一刻，王林擦了擦额角的冷汗，感觉窗外的阳光真好！

那以后，王林再也不给错误找理由了，哪怕再小的事情，他都会认真去做。慢慢，错误开始远离他，Hans也不再总是找他的麻烦了，他的业绩迅速提升。两年后，Hans回国到总部任职，走前他向总部推荐王林担任公司驻华总代表。

王林第二次犯的错误，与第一次相比，更大，后果更严重，可是第一次等待王林的是严厉的批评，第二次却是温和的安慰。可见错误其实并不可怕，也并不是不可原谅的，关键是要及时承认，并想办法弥补错误造成的后果。

西点军校有一个久远的传统，就是学员遇到长官问话时，只能有四种标准回答：

"报告长官，是。"

"报告长官，不是。"

"报告长官，我不知道。"

"报告长官，没有借口。"

除此之外不能多说一个字。比如长官派你去完成一项任务，但你没能按时完成，当长官问你为什么时，你就只能说："报告长官，没有借口！""没有借口"就是"我错了"，并愿意承担由于自己的过错所造成的后果。但如果你为自己辩解，那就是错上加错。西点军校之所以采用这种方式，是为了增强学员在压力下完成任务的能力，培养他们不达目的誓不罢休的毅力以及忠诚执行任务的信念，让每一个学员懂得"不要为自己的错误寻找借口"，以此激发出最大的潜力。

凡事找方法解决者，一定是成功者；凡事找借口推脱者，一定是失败者！因为借口是失败的温床。拒绝为错误找理由，勇于承担责任，多花时间去寻找解决方案，错误才会越来越少，事情才会越做越好。所以从另一方面来说，犯了错误勇于改正，也有利于我们的成长和进步。

有一位著名的生物学权威教授拉塞特，看到生物学的著述都错误百出，于是宣称他决定出版一本内容绝无错误的生物学巨著。

经过一段时间，在众人引颈期待中，拉塞特教授的生物学巨著终于出版了，书名叫作《夏威夷毒蛇图鉴》。许多钻研生物学的人，迫不及待地想一睹这本号称"内容绝无错误"的生物学巨著。但每个拿到这本新书的人，在翻开书页的时候，都不禁为之一怔，每个人几乎不约而同地急忙翻遍全书。而看完整本书后，每个人的感觉也全都相同，脸上的表情亦是同样的惊愕。原来整本的《夏威夷毒蛇图鉴》，除了封面几个大标题的大字之外，内页全部是空白。也就是说，整本《夏威夷毒蛇图鉴》里，全都是白纸。

大批记者涌进拉塞特教授任职的研究所，七嘴八舌地争相访问教授，想弄清楚这究竟是怎么一回事。面对记者的镁光灯，拉塞特教授轻松自若地回答："对生物学稍有研究的人都知道，夏威夷根本没有毒蛇，所以当然是空白的。"拉塞特教授充满智慧的双眼，闪烁着奇特的光芒，继续道，"既然整本书是空白的，当然就不会有任何错误了，所以我说，这是一本有史以来，唯一没有错误的生物学巨著。"

拉塞特教授的幽默感，你能领会吗？

拉塞特教授此举是要告诉我们，为了恐惧错误而故步自封，或是因为过去的错误决策造成了重大损失而裹足不前，就如出版一本空白纸张的著作一般，本身就是一个被我们忽略了的巨大错误。

错误像狐狸一样聪明狡猾，它跟我们玩捉迷藏的游戏，总能把自己藏在意想不到的地方，又突然跳出来把我们吓得胆战心惊。所以，我们需要打起十二分精神来跟它玩这个游戏，而且应该发动一切力量来与它周旋较量，这些力量来自我们自身、他人、知识、品德……

以恶制恶不是好办法

> 为了同值得反对的错误作斗争，却又助长了许多众所周知的坏事，这难道是谨慎的做法吗？还有比违背自己的意识和认识更坏的坏事吗？
>
> ——摘自蒙田《随笔·论习惯及不要轻易改变一种根深蒂固的习俗》

如果我们认识到自己的某个行为是错误的，想要制止它，这时一定要谨慎选择改正错误的方法。错误只会接受真理和正确行为的教育，就像必须选用标准的模具才能制作出合格的产品。如果用另一个错误来纠正现有的错误，很可能不但解决不了问题，反而使矛盾变得更激烈。比如下面这个故事：

小区附近的菜场只有一个较窄的入口通道，在平时门口就已经显得很拥挤了。然而，时常有人把车停在那里添"堵"，不仅给路添了"堵"，也给过往行人的心里添了"堵"。于是，有人泄"堵"了：一辆横停在通道上的崭新宝马车，从前至后，被人划了一道深深的口子。

划车人可能出于义愤也许一时解了气，但同时也会陷自己于不义不法的不利境地，因为这样做侵犯了车主的财产权。而车主呢，也没有诉诸法律，而用了更加"解气"的方式来报复——将划车者打成重伤。以恶制恶的逻辑，在现实当中就是这么循环推演的。

类似这样的事情我们见过不少，如有人对乱倒垃圾现象"忍无可忍"，便在显眼处立个"恶语"告示牌；有人对违章车辆"痛恶之极"，便到街头怒砸闯红灯的车。结果，不仅没有达成"制恶"的目的，反而使自己陷入口水中，个别的甚至受到法律惩罚，这真是得不偿失！

习惯也是如此，我们不能为了纠正某个坏习惯而养成另一个坏习惯，否则就会陷入恶性循环的怪圈，所有的努力都只是白白浪费。下面这个故事就是一个很好的例子：

刚搬到这幢楼房时，王浩的对门还没有人居住。下班后，门一关，没有车马喧哗，倒也清静自在。闲暇之际，爱清净的他把上上下下的楼梯扫得干干净净。每天踩着干干净净的楼梯上下，他感觉自己好像踩在琴键上一样，心情因此变得明朗愉悦。一进家门，桌子上的那盆兰花如同一个优雅的女子，默默地给他的生活增添了不少情趣。

可是好景不长，对门的邻居搬入打破了往日的清静。到了晚上，由于房间的隔音效果不好，邻居家打牌的声音、音响的声音、喝酒喧哗的声音，常常响到深夜。这严重影响了王浩的生活，令他坐卧不安。刚开始，他还能忍受，时间长了不免产生了反感。更让他难以忍受的是，有好几次，邻居家的小孩子不怀好意地嘲讽他年老的母亲，说她是穷乡下人、丑八怪。有时候在楼梯碰面，对门的邻居总是冷若冰霜，一副气势汹汹的样子。最让他难以忍受的是，邻居常常将垃圾抛洒在楼梯上，上下楼时一不小心就会踩到变质的果皮、肮脏的纸屑。有一次母亲不慎踩到瓜皮，摔了一跤。他心里想着伺机教训一下邻居。

时间长了，楼梯里落满灰尘，堆积了零散的垃圾。他本想将这些垃圾捡起来，丢到楼下的垃圾筒，可是手刚碰到垃圾，就缩了回去。他想，我凭什么给他做义务工？要脏就一起脏，看谁能抗得住。

王浩的举动被母亲看见了，母亲什么话也没有说，默默地拣起垃圾，送到了楼下。他要劝阻母亲，母亲说，举手之劳，何必呢？

王浩去上班的时候，母亲总是自觉地打扫楼梯，把楼梯收拾得很清爽。有一次下班回家，他发现母亲正在清扫楼梯，扫完了自家门口，又主动去扫邻居家的门口。他一把拉住了母亲，揶揄她说："你真是个活雷锋啊，人家又不领你的情，你竟然做起了义务工！"母亲不理他的话，还是拿着扫帚，清扫邻居家落满灰尘的门口，扫完后，还用拖把仔细把两家的门口拖了个干净。

母亲拖地的时候，恰好被邻居看见了，邻居不但没有说一句感谢的话，而且冷冷地从牙缝里挤出一句："活雷锋再世啊，不错不错！"对此，憨厚的母亲笑笑，没有作声。屋内的王浩听见了，冲了出去，准备和邻居理论一番。母亲一把拉住了他，说："这孩子，一句话就把你气成这个样子，一把扫帚的距离就给我们一个清爽的环境，这不是很好吗？和别人生气就是和自己过意不去。算了吧！"

晚上吃饭时，母亲说："你还记得你小时候的一件事吗？有一年从外地来的灾民到我家来乞讨。我用家里仅有的粮食来接济他们。你们都不理解，说就是接济也用不着给那么多啊？我说，这些人，你对他们好，他们会露出好的一面，是好人；如果对他们不好，他们就可能铤而走险，到那时损失更大。"王浩点头称是，被送进口中的饭噎了一下。

从那以后，王浩不再抱怨母亲义务打扫楼梯的举动。时间长了，邻居们见了他，不再出言不逊，而是变得客客气气，报以微笑，热情问候。有时候，他和母亲没空打扫楼梯，第二天早上起床时，他家的门口已被人扫得干干净净。还有的时候，他准备去扫楼梯时，碰巧遇到邻居拿着扫帚，扫他家的门口，他笑，邻居也笑。

他们之间的壁垒一天天，一天天，被一把扫帚瓦解。

故事中，为了让邻居意识到乱扔垃圾行为的不对，王浩选择了"要脏就一起脏，看谁能扛得住"，把自己原有的良好卫生习惯也丢了，真可谓是舍本逐末，得不偿失。错误的方法不可能得到正确的结果，王浩的做法自然也不能使邻居变得更爱护卫生。与王浩相反，母亲始终坚持自己的正确意识和认识，从行动到思想都没有偏离这个方向，因而能够像一面镜子一样，映照出邻居的错误，让他们产生想要改正的念头。可见，"以恶制恶"并不是明智之举，最好的办法是用一个好习惯去代替一个坏习惯。

习惯的养成，并非一朝一夕之事；要想改正某种不良习惯，也不可能一蹴而就。有关专家研究发现，一般人要想改掉一个旧习惯，大概需要三个星期的时间。而这期间，坚持是必不可少的。下面有几个诀窍可供参考：

第一，认清坏习惯。

说到认清坏习惯，动物王国的很多动物都比人聪明。狐狸袭击鸡舍的时候要是被主人拿枪击中，十有八九下次是不会再来了。小熊去蜂箱找蜜吃，如果鼻子让愤怒的蜜蜂给蜇了，下次就会另辟蹊径，不会重蹈覆辙。人类则不同，即便碰得头破血流，有时候都不会接受教训。坏习惯很多人都有，别人的经验、教训应该成为自己的一面镜子，自己的经验、教训更应该引以为戒，这样我们才会变得聪明一些，避免重蹈覆辙。如果这样思考问题，很多不良习惯就不会养成，即便养成也很容易戒掉。

第二，自身激励。

自身激励是戒掉坏习惯或者嗜好的关键。我们时刻提醒自己，改掉坏习惯后，会有哪些好处，会得到哪些进步和提升，有了内在动力，克服坏习惯就比较容易些了。

第三，经常自我奖励。

驯兽师都知道，他们所训练的动物每做好一件事就给他们一定的奖励。人也不例外。如果你发现某个音乐光盘或者书不错，几个月下来都没舍得买。这个时候就不要犹豫——此时不买，更待何时！尽管奖励很小，可是精神鼓励却不小，至少说明你做得不错。

第四，注重以新代旧。

俗话说，不破不立。然而，破而不立也是不行的。比如，不吃零食了，总要有别的事情做。如果没有，用不了多久，零食还是要吃的。研究显示，人对吃的东西非常渴望，嘎吱嘎吱地吃东西，人就会觉得很满足。有很多食品吃起来嘎吱嘎吱地响，不过应该专拣热量低的吃，比如胡萝卜、芹菜。

第五，制订减压计划。

戒除坏习惯就像坐过山车。有时候，你会连续几小时、几天或者几个星期感觉良好，有的时候你却感觉不自在——没有一个人戒除不良习惯的时候是一帆风顺的。这个时候，我们转移注意力，减轻这种不适感带来的压力，比如听听音乐、看看书，或者和朋友聊聊天等等，这些都可以让你放松精神，从不适中获得暂时的平静。

生活中很多事情就像讲究修养一样，我们知道应该往正确的方向走，却不一定知道具体走哪一条路才是对的。造成这个问题的原因，是我们对事情的认识还不够深入透彻。因此，在面对错误与坏习惯时，我们需要非常谨慎小心，不能为了制止它们而让自己走入另一条歧路。

"撒谎是一种应该诅咒的恶习"

> 撒谎是一种应该诅咒的恶习。……我认为，唯有撒谎和稍微次要的固执，才是我们时刻要防止萌芽和滋长的缺点。这两种缺点随孩子们的成长而发展。令人吃惊的是，一旦撒了谎，要想摆脱就不可能了。
>
> ——摘自蒙田《随笔·论撒谎》

日常生活中，谎言随处可闻，撒谎者亦随处可见。对于撒谎，蒙田是极力反对的，他认为，撒谎是应该诅咒的恶习。

撒谎之所以应该诅咒，首先是因为许多人撒谎是出于恶意，他们满口胡言只为了达到损人利己的目的。

撒谎应该被诅咒，还因为撒谎会耗费一个人极大的精力，使人承受巨大的心理压力。一位作家曾经描述过自己小时候，因为说谎而备受折磨的一段经历：

小的时候在幼儿园，每天游戏时有一个节目，就是小朋友说自己家里有什么玩具。一个小朋友说，我家有一个玩具火车，像一间房子那样长……我呆呆地看着那个男孩，前一天我才到他家玩过，绝没有看到那么庞大的火车……我本来是可以拆穿这个谎言的，但是看到大家那么兴奋地注视着说谎者，我不由自主地说："我们家也有一列玩具火车，像操场那么长……"

"哇哇！那么长的火车，多好啊！"小伙伴齐声赞叹。

"那你明天把它带到幼儿园里让我们看看好了。"那个男孩沉着地说。

"好啊！好啊！"大家欢呼雀跃。

我幼小身体里的血脉一下凝住了。天啊，我到哪里去找那么宏伟的火车？也许世界上根本就没有造出来！

我看着那个男孩，我从他小小的褐色眼珠里读出了期望。

他为什么会这么有兴趣？依我们小小的年纪，还完全不懂得落井下石……想啊想，我终于明白了！

我大声对他也对大家说："让他先把房子一样大的火车拿来给咱们看了，我就把家里操场大的火车带来。"

危机就这样缓解了。第二天，我悄悄地观察着大家。我真怕大伙追问那个男孩，因为我知道他是拿不出来的。大家在嘲笑了他之后，就会问我要操场一般的玩具火车。我和那个男孩忐忑不安，彼此没说什么。我的小小的心提在喉咙口好久，我怕哪个记性好的小朋友突然想起来。但是日子一天天平安地过去了，大家都遗忘了，甚至在以后再提起玩具的时候，我吓得要死，也并没有人说火车的事。真正把心放下来是从幼儿园毕业的那一天，我像鸟儿一样地轻松了，再也不要为那列子虚乌有的火车操心了。

这是我有记忆以来最清晰的一次说谎，它给我心理上造成的沉重负担，简直是童年之最。

撒谎的人，时刻承受着谎言被拆穿的恐惧，内心必然充满煎熬。而且对于撒谎的人来说，他们不仅要想方设法去捏造一个不存在的事实，还要为了使人们相信这个"事实"，继续捏造更多"事实"去证实它，撒更多的谎。如此一来，就陷入不断"撒谎——圆谎"的无底洞中。而且言多语失，谎大破绽大。

《笑林广记》里记载过一个故事：

有一个人惯会说谎，他的仆人每次都要代他圆谎。一日，主人对人说："我家一井，昨被大风吹往隔壁人家去了。"众人以为从古所无，仆人圆场说："确有其事，我家的井，贴近邻家篱笆，昨晚风大，把篱笆吹过井这边来，却像井吹在邻家里去了。"一日，主人又与人说："有人射下一雁，头上顶碗粉汤。"众人十分惊诧，仆人圆说："此事亦有，我主人正在天井内吃粉汤，忽有一雁堕下，雁头正跌在碗里，岂不是雁头顶着粉汤？"然而仆人善圆谎，主人说谎就肆无忌惮，终至"无以圆"的地步。一日，主人又对人说："寒家有顶温天帐，把天地遮得浩浩的，一些空隙也没有。"这弥天大谎，可难煞了仆人，他皱起眉头，强烈抗议："主人扯这漫天谎，叫我如何遮掩得来！"

蒙田说："在社交中，谎言比沉默更难令人接受。"两个关系不是特别密切的人，如果没有可以谈论的话题，保持沉默会是比较好的选择。如果勉强自己去说话套近乎，甚至不惜编撰谎话，一旦谎言被揭破，我们不仅白忙活一场，还无端造成双方的尴尬。

赵鹏和李利是校友，毕业以后很少见面。这天赵鹏上街，远远地看见了李利，便急忙走上前去招呼。两个人一见面显得格外高兴，紧紧地握住对方的手，好一阵寒暄。那种亲热劲儿简直没法形容。赵鹏把李利的情况问了个清清楚楚，李利也把赵鹏的近况问了个明明白白。最后，赵鹏执意要请李利吃饭。李利说自己还有别的应酬，只好作罢。但两个人最后都留了电话号码，并强调一定要多联系。

二十分钟后，赵鹏到另外一条街去办事，刚走到街口，就和李利碰了个正着。"真是巧呀。"赵鹏连忙和李利打招呼。李利也连忙回应。这次两人没有像刚才那样寒暄，再次握手之后，赵鹏说："你有事就先忙，我正要去火车站接个朋友。"李利忙说："好的，我也正要回单位，电话联系。"

过了半个小时，赵鹏从另外一条街出来，没想到又遇到了李利。两个人一见面，脸上都不自然地笑了笑。赵鹏说："哎呀，真是太巧了。"李利说："是呀，巧。"接着赵鹏还想说点什么，但该说的刚才好像已经都说了，赵鹏一时间想不出来说什么好。这时他发现李利也好像没什么可说。两个人同时愣了愣。片刻后，赵鹏只好挥挥手说："去忙吧。"李利连忙说："好的，忙。"于是两个人分头走开了。

真是无巧不成书啊。没想到几分钟后，赵鹏又在街的对面看见了李利，同时李利也看见了他。赵鹏觉得实在尴尬，真不知道这次该如何打招呼了，于是他赶紧把脸扭到了一边，假装没看见李利。与此同时，李利也赶紧把脸扭到了一边，假装没看见赵鹏。就这样，几个小时前好不亲热的两个人，这回像两个陌生人一样，把头扭在一侧，擦肩而过。

人际交往中，虚假的借口是可怕的毒瘤，会把"病毒"扩散到原来健康的感情中，摧垮两个人的关系。

当然，我们也会看到，生活中有些谎言是善意的，人们撒这样的谎不是为了制造险恶的后果，而是为了一个美好的目的。这个目的可能是一个希望，可能是一种安抚，也可能是对自尊心的一种维护。

蒙田说，一个人一旦撒了谎，要想摆脱就不可能了。其实，在我们的社会里，每个人都不可能彻底不说谎。所以，我们能够做的，就是诅咒那些恶意的撒谎，远离那些非善意的谎言。

第四章
坚持美德，优秀其实很简单

美德是修身立命的根本

一个人如果不学会善良这门学问，那么，其他任何学问对他都是有害的。

——摘自蒙田《随笔·论学究气》

中国有句俗语"士有百行，以德为首"，意思是说，人虽有各种技能，但品德是最重要的。司马光在《资治通鉴》里说："才者，德之资也；德者，才之帅也。"意思是说，才能是道德的辅助，道德是才能的统帅。道德是才能发挥的前提，又常常在才能中表现出来。所以，道德显得更为重要。

一个人的道德体现了他的人生价值观，拥有善良美德的人，他的人生价值观是高尚的，会指挥他做一切事情都遵循正确的方向。一个人有德又有才，他就能为社会做许多好事，实现自己的人生意义；如果有才却无德，他就可能利用自己的才能为自己谋私利，危害社会，这样的后果是很危险的。

好莱坞曾经有一部影片，讲述一位充满智慧和学问的科学家，使用卑劣手段企图获取财富的故事。一次，他得到一个消息，说美国军方在某个时候将试验三枚杀伤力极大的导弹。因利欲熏心，他凭着高超的计算机网络技术和丰富的学识，潜入美国军方绝密数据库修改了导弹飞行的弹道数据，然后在某城市附近购置了大量的土地，目的是使导弹在飞行过程中改变方向，转去摧毁那座城市。他的如意算盘是，当那座城市被毁后，因为需要重建，附近的土地价格必然暴涨，如此一来他就可以发大财了。但他的行为没有逃过美国军方的眼睛，在与美国军方一番斗智斗勇之后，最终"天网恢恢，疏而不漏"，他被捕了。被铐上锁铐时，他不由叹道："我被自己的知识毁了。"

果真是知识毁了这位科学家吗？不是的，是道德缺失滋养的贪婪、邪恶本性毁了他！

这虽然是一部电影，有夸张的成分，但却不乏现实真实性。生活中，许多卑劣的坏事，正是由那些拥有某方面才华却没有善良之心和道德素养的人做出来的。比如，编写电脑"病毒"程序贻害四方，误导社会舆论制造社会动乱，操控股市、楼市牟取暴利，等等。意大利伟大诗人但丁说过，"道德常常能填补智慧的缺陷，而智慧永远也填补不了道德的缺陷"。道德败坏的人，知识越丰富，智慧越充足，对社会的危害反而可能越大。

任何人都必须要重视品德修养，好的品德是一个人在社会上立足的根本，是迈向成功的助推器。拥有良好品德修养的人，他们常怀善良和宽容之心，常备真诚和坦率之意，比任何才能都更能赢得人们的信任与支持。

朱成，上海女孩，2001年从北京大学毕业后，被哈佛大学教育学院以全额奖学金录取。2006年4月，朱成参加了哈佛大学研究生院学生会主席的竞选活动。美国有7位总统毕业于哈佛，其中又有三位总统担任过学生会主席。这一职务，有"哈佛总统"的美誉。

竞选由各个研究生院推选47名代表参加，环节众多。朱成以其成熟和干练的作风顺利进入前四名。她的对手是三名美国博士生：哈恩、吉米克和桑斯。

桑斯位列第四，很多人以为他将退出选举，可没想到，他却突然来了个"杀手锏"。5月3日，桑斯召开新闻发布会，对前三名候选人进行了猛烈的攻击。他爆出三名竞争对手的个人隐私，而对朱成的攻击是：她在2005年夏天，以救助一位南非孤儿为名，侵吞了大量捐款，而那位南非孤儿现在仍然流落纽约街头。

桑斯发布的新闻使哈佛为之震动，研究生院很多激进组织马上召开集会，要求立即取消三名候选人的资格。

朱成也受到了很多选民的质疑。可谣言很快烟消云散，朱成资助的南非孤儿出面澄清了此事。桑斯被证实有说谎的嫌疑，胜利的天平又倾向了朱成。

而哈恩和吉米克，为了报复桑斯先前的"毁灭性打击"，也曝光了桑斯在一家中国超市被警察询问的录像，并怀疑他有偷窃行为。一时间，桑斯百口难辩，这似乎又对朱成有利。

在竞选的最后关头，4个竞选者一起召开了新闻发布会。哈恩、吉米克和桑斯都显得有些沮丧，只有朱成依旧露出端庄的微笑。她走上台说："同学们，我今天想先告诉大家一件事情，就是关于桑斯在超市'行窃'的事。"

她的话，让所有人屏住了呼吸，桑斯更是因为惶恐而攥紧了拳头。朱成继续说道："我去中国超市问清了整个事情的经过，事实上，桑斯并不是因为行窃而被警察询问，而是帮助老板抓到了小偷……"

霎时，发布会现场一片哗然。桑斯惊讶地抬头看了看朱成，微张着嘴，想说什么，却欲言又止。哈恩和吉米克则有些沮丧，他们实在不明白朱成为什么要帮助对手澄清丑闻。难道她不明白，一旦他重获清白，就会成为朱成最大的对手。

是呀，谁愿意去帮助自己的对手？

竞选形势再一次发生变化。助理埋怨朱成帮了对手一个大忙，朱成只是淡淡地笑了笑："我只是希望这次竞争能够公平一些，这样赢得的胜利才有意义。"

投票前15分钟，桑斯宣布了自己退出的消息，并且号召自己的支持者把票投给朱成。他说，他无法像朱成那样真诚与宽容，他已经输掉了竞选。如果朱成竞选成功，自己愿意做她的助理，全力协助她在学生会的工作……

2006年6月8日，朱成力挫群雄，以62.7％的支持率成功竞选哈佛学生会主席。这是哈佛300多年历史上第一位中国籍学生担任此职。

一个自信、宽容的人，才愿意去帮助对手，最终也会因强大的人格力量赢得对手。只有内心真正强大的人，才会追求公平、公正，才会看重结果，也享受过程。

英国哲学家弗兰西斯·培根曾经说过："美德有如名香，经燃烧或压榨而其香愈烈，幸运最能显露恶德而厄运最能显露美德。"朱成虽然遭受了对手的恶意攻击，但她的真诚与宽容也刚好找到了展示的舞台，让人们欣赏到美德的力量。

一个拥有美德的人，可以"仰不愧于天，俯不怍于地"，可以像君子一样坦荡快乐地生活，其内心真正强大，是面对任何艰难阻碍都不会被击倒的。

有人说，人立天地间，靠的就是一个德字；人读百家书，求的就是一个德字；人在百年后，留的也是一个德字。美德，是我们修身立命的根本，是我们成为一个受人尊敬的人的基本条件。

"坚持和否认错误是庸人的品质"

要让孩子的言谈闪烁着良知和道德，惟有理性作指导。叫他懂得，当他发现自己的论说有误时，即使旁人尚未发现，也要公开承认，这是诚实和判断力强的表现，而诚实和判断力正是他觅求的重要品质；还要他懂得，坚持和否认错误是庸人的品质，这在越是卑贱的人身上越明显；他应该知道，修改看法，改正错误，中途放弃一个错误的决定，这是难能可贵的品质，是哲学家的品质。

——摘自蒙田《随笔·论儿童教育》

金无足赤，人无完人，每一个人都有走弯路、走错路的时候，关键是我们如何回望自己的弯路和错路。一般而言，人们都喜欢展示自己辉煌与得意的一面，更乐意沉醉在被奉承和赞美声中。但是，对于自己的不足、缺点乃至错误，往往是羞羞答答，遮遮掩掩，甚至强词夺理，死不认账。这很好理解，中国人历来讲面子，谁也不想揭开自己的衣服把癞疮亮给别人看。能把自己的癞疮亮给别人看，需要极大的勇气，而这种勇气的生成与迸发，并不会像口袋里的硬币说掏出来就能掏出来的。所以蒙田才会说，勇于改错是一种难能可贵的品质。其实，人的错误，绝不会因为承认就存在，不承认就消解，不管你承认不承认，客观上它是跑不掉的。认识错误，进而勇敢地承认错误，无疑是向高尚靠近的良好开端。

杨绛先生是著名作家、翻译家、外国文学研究家。她翻译的作品中，最著名的当数西班牙塞万提斯的杰作《堂·吉诃德》。从1922年林纾翻译的《魔侠传》算起，截止到1997年人民文学出版社出版《塞万提斯全集》时的统计，《堂·吉诃德》的中文译本有十九种之多。然而在这么多中译本中，杨绛的这个译本是最受欢迎的。1978年，它首次印刷十万套很快售完，第二次印刷又是十万套。杨绛翻译的《堂·吉诃德》风行半个多世纪，赢得极高的声誉。

可是就是对这套发行量最大的中译本，董燕生提出了批评。董燕生是北京外国语大学西班牙语系教授，1992年，他应漓江出版社编辑的邀请，重新翻译《堂·吉诃德》。在动手翻译之前，董燕生对照原文和杨绛的译本进行了仔细研究，认为杨绛在词汇含义的理解、句子结构、背景知识的理解上都有不少错误，而且字数也少了许多。因此，董燕生把杨绛译本拿到课堂上当作"反面教材"，教育学生不要犯类似的错误。

本来，在学术观点上有不同意见，就应该进行讨论，通过论辩检验出正确的观点。只是有人认为，董燕生的做法是"既当运动员又当裁判员"，是令人反感，甚至齿冷的违规动作，因此为杨绛深感不平，进而仗义执言，驳斥董燕生的做法是"译坛歪风"，结果引发了一场"笔仗"。

然而，让大家都料想不到的是杨绛先生对此事的态度。杨绛为此写了一篇小文章，题为《不要小题大做》。她在这篇文章中说："董燕生先生对我的批评，完全正确，说不上'歪风'。世间许多争端，往往出于误会。董先生可以做我的老师，可惜我生得太早，已成了他的'前辈'。他'不畏前辈权威'，勇于指出错误，恰恰是译界的正风，不是歪风。"杨绛在文章末尾除了"希望化'误解'为'了解'"外，还"真心诚意地声明：我是一个很虚心的译者，对自己的译文一改再改，总觉得不好。希望专家行家们多多指教。"

自古就有君子不避己过之说。孔夫子周游列国期间，因吃饭的误会就曾向弟子子路认过错。如此看来，一个人说错了话，做错了事，自己认识并且主动承认了，并不丢人；相反，人们对这种自尊自爱的高姿态，不仅不会鄙视，还会投去赞许有加的目光，使你赢得更多的尊敬。

有涵养的学者，不仅闻过则喜，更甚者在别人没有发现自己的错误时，如果自己先发现了，也要公开披露，不给自己存任何侥幸的心思。

我国史学界的权威来新夏先生，于2005年推出了一部《清人笔记随录》，是他"尽数十年积累之功，于耄耋之年，整理成书问世"的重要著作，一时好评如潮。但是，当他在一种陶陶然中持书循读时，竟然发现了若干错误，他立即冷汗冒出，痛悔交加。

本来作为学者，虽然尽可能地减少差错，但一两小疵也很难避免。有认真者，就在后来的修订中不断改正，如大学者钱钟书之作即在不断修订中完善，这种严谨的学风正是一种对学术的尊重。但来先生却寝食不安，居然自己撰文来"剥自己的皮"，为自己的"未遑查对，鲁莽着笔，错下结论"而自纠（2005年9月，来先生写出《我的自纠状》，刊发于知名度颇高的《文汇读书周报》，举例自揭错误，并向读者致歉）。

来先生也是权威，是一所著名学府的大教授，门生众多，自有其颜面。但他毅然自揭错误，是因为他觉得，"个人得失事小，贻误后来事大，若隐忍不发，希图蒙混，则中心愧怍，而有负读者"。

一个人从青葱幼稚到成熟稳健，无不需要经过风风雨雨的摔打。所谓摔打，从一定意义上说就是跌跟头、犯错误，因而也可以说，人的成长与进步是建立在无数经验教训之上的。每犯一次错误，心灵应会受到一次震慑，震慑之余不由得就会汲取教训。因而换个角度看，错误则可能成了进步之母。当然，错误毕竟是错误，一味地犯错误终究不是好事，我们应当少犯，最好不犯。但是，倘若真的犯了错误，也不用恐惧和悲哀，应当记住达尔文的话："任何改正都是进步。"我们掩饰错误就是在阻止自己进步。

一个人时也要坚持美德

人人都会当众演戏，在舞台上扮演正人君子，但是在一切都可自由自在、不为人知的内心，做到中规中矩，这才是要点。

——摘自蒙田《随笔·论悔恨》

蒙田强调，做正人君子的关键，是在无人窥视的内心也能做到中规中矩。这跟儒家所提倡的"慎独"思想是一致的。所谓"慎独"，是指人们在独自活动无人监督的情况下，凭着高度自觉，按照一定的道德规范行动，而不做任何有违道德信念、做人原则的事。

慎独虽然是古人提出来的，却并没有因时代的更迭变迁而失去现实意义。现实生活中，常有这样的现象：有的人，在众人面前讲究卫生，独自一人时就随地吐痰，乱扔废弃物；有警察时遵守交通法规，一旦路口无人值守就闯红灯；在自己熟悉的集体中谦恭有礼，一旦置身于陌生的环境就不再遵守公德。这就背离了慎独的初衷。

一个人独处的环境就如一个人的内心，是没有人会干涉或窥视的，这时候我们自由自在的思想反映的是我们真实的想法。如果它依然能遵循道德的规范，摒弃欲念的诱惑，那就说明道德已经是我们内心的一种要求，"慎独"已成为我们生命的自觉。所以说，在崇尚自由的现代社会里，慎独开辟了一条从自律走向自由的通道，是一个人道德修养的最高境界，是人格美的最佳表现。

那么，怎样才能做到"慎独"呢？

要慎独最重要的是要顶住诱惑。老子说得好："见欲而止为德。"独处久了，邪念熏染，是非善恶观念容易模糊混乱，这时我们需要以高度的自觉、极大的勇气和坚韧不拔的意志克制自己。

杨震是东汉时期的大儒学家，他长期客居河南湖城县，任教二十多年不肯出仕，直到五十岁才接受大将军邓驾的推荐进入官场。

杨震公正廉洁，不谋私利。他任荆州刺史时发现王密才华出众，便向朝廷举荐王密为昌邑（今山东金乡县境）县令。后来他调任东莱太守，途经王密任县令的昌邑时，王密亲赴郊外迎接恩师。晚上，王密前去拜会杨震，两人聊得非常高兴，不知不觉已是深夜。王密准备起身告辞，突然他从怀中捧出黄金，放在桌上，说道："恩师难得光临，我准备了一点小礼，以报栽培之恩。"杨震说："以前正因为我了解你的真才实学，所以才举你为孝廉，希望你做一个廉洁奉公的好官。可你这样做，岂不是违背我的初衷和对你的厚望。你对我最好的回报是为国效力，而不是送给我个人什么东西。"可是王密还坚持说："三更半夜，不会有人知道的，请收下吧！"杨震立刻变得非常严肃，声色俱厉地说："你这是什么话，天知，神知，我知，你知！你怎么可以说没有人知道呢？没有别人在，难道你我的良心就不在了吗？"王密顿时满脸通红，赶紧像贼一样溜走了，消失在沉沉的夜幕中。

在夜深人静之时，在没有第三者知道的情况下，杨震作为王密的上司，同时又是他的恩师，坚决拒收重金，并且铮铮铁言：这是天理不容、法理不容、人理不容、情理不容的事。其"慎独"的精神可嘉，堪称历代师表。

慎独，其实就是"慎心"，要诚其意，在各种物欲的诱惑面前，靠"心"把持住自己。慎独，也是"慎始"，做任何事从开头就要十分谨慎，如果开始时就不谨慎，还怎么能保证有好的结局呢？慎独，还是"慎终"，"慎终如始，则无败事"，意思是说，当事情结束时，要像开头一样慎重对待。当我们能够做到慎独，我们的心灵也就获得了前所未有的自由和坦荡。

五年前，一位年轻人因为抢劫银铛入狱。之后刑满释放，从监狱里出来已经好几个月了，还是没有找到工作。有一天，在一个建筑工地上，他无意间看到了自己的中学同学朱德文，绰号"蚊子"。"蚊子"是工地上的一个小包工头，还算有些权力，就安排他当了一个力工，吃住都在工地上。"先干着吧，等以后有了好去处再说。""蚊子"说。他和"蚊子"其实不怎么熟络，上学的时候都没怎么说过话，"蚊子"在同学聚会的时候，知道他犯了事，但"蚊子"没说别的，还是让他留下了。不管怎么样，暂时总算有了一个落脚的地方，他心里很感激"蚊子"，想有一天开了工钱一定请"蚊子"去饭馆里好好吃一顿。

那天，"蚊子"拿了五千元钱回来，说是向老板要了半年才要回来的。天太晚，已经没有客车了，"蚊子"说不回去了，要在他的棚子里将就一宿。"蚊子"还弄了花生米、香肠和几瓶啤酒，两个人聊起上学时候的事情。"蚊子"有些不胜酒力，喝了两瓶就有些摇摇晃晃了。他的心里就有了坏念头，那些藏在心底的"恶"又蠢蠢欲动起来。在监狱里改造了五年，他以为那些"恶"已经被连根拔除了，没想到它们还在偷偷地生长着，使他的灵魂跟着扭曲变形。

他不时地盯着"蚊子"的包。他现在太需要钱了，他想如果现在下手，"蚊子"没有防备，会很容易得手的。他又开了一瓶酒，想让他醉得彻底些，那样他的成功率会更高。"蚊子"又喝了一大口，然后就嚷嚷着要睡觉。让他没有想到的是，"蚊子"睡觉前竟然把装钱的包塞到了他的怀里，对他说："我喝多了，你替我拿着吧，我对我自己不放心。"然后脸冲里，呼呼就睡着了。

天赐良机！他这样想道。握着那装着五千元钱的鼓鼓囊囊的包，他心慌意乱。那些钱对于他来说，诱惑是巨大的。况且天已经黑了，他转眼之间就可以逃之夭夭。

他试着起身开门，"蚊子"没有反应，依然鼾声如雷，睡得香甜。

他很快融入了夜色里，却忽然停住了脚步，心底的"恶"有些退缩。他想到，这几个月里，他受尽人们的白眼，没有一个人信任他，所有的人都因为他是一个劳改犯而拒绝他、排斥他，只有"蚊子"帮了他一把，而且如此信任他，对他毫无防范之心。如果自己真的拿走了这些钱，就是给唯一信任自己的人当头泼了一盆冷水，让人多寒心。做人不能这样！他这样想着，折回身，重新回到棚子里，又躺到了"蚊子"身边。"蚊子"的鼾声依旧排山倒海。

不过，这真是一个千载难逢的好机会。躺在那里，他的"恶"并不死心，依然怂恿着他。那一夜，他被这五千元钱折磨得疲惫不堪，感觉心底像压了一块大石头一样。

他终究没有拿走那些钱。早上他把包递给"蚊子"的时候，感到莫大的轻松。因为一夜没有合眼，他的眼睛红红的，"蚊子"问他怎么了，他撒谎说怕钱丢了，一夜没合眼地看着它。"蚊子"忙说对不起啊，害你遭罪了。

时光一晃而过。十年之后，他白手起家，从一无所有的劳改犯到身家过亿的富商。他的经历可谓传奇。作为很有名望的民营企业家，他的事迹常常是当地报纸的头条、人们茶余饭后不厌的谈资。他的商品从不掺假，他被人称道的品质就是诚信。与人谈起自己成功的经历时，他总是毫不避讳自己曾经阴暗的心路历程，包括那一个让他辗转反侧的夜晚。他说，那个夜晚，真正改变了他的命运。从那个夜晚之后，他就决定了要靠自己的能力奋斗下去。因为一个人的信任让他觉得自己还是一个有用的人，他不能辜负这个人的信任。他感激那个人，他会一辈子记住他的名字——朱德文。

慎独不是要把自己修持成神仙，不是为了打造"公众的形象"，而是为了沐浴灵魂，保持心意上的诚然愉快状态。慎独的过程也许痛苦，但自觉地进入了慎独的境界，我们再开眼看到的世界一定变得很美。正如毕达哥拉斯所说："无论是在别人跟前或者自己单独的时候，都不要做一点卑劣的事情——最要紧的是自尊。"做到慎独，生命才是自由的。

填满良心，收获荣誉

我们准备去建功立业，更多是求荣耀，不是为良心。其实达到荣耀的最短途径，就是立志在良心上去做你愿为荣耀所做的一切。

——摘自蒙田《随笔·论悔恨》

荣耀，是许多人一生都在追求的目标。达到荣耀的方法有很多，比如勤奋、坚持、勇敢、自强、自律等等。蒙田在这里提出了一个观点，他认为达到荣誉的最短途径是"立志在良心上去做你愿为荣耀所做的一切"。这如何理解呢？成龙的故事可以帮助我们。

成龙出生在香港一个贫困家庭，很小就被家人送到戏班。那时，演戏是下九流的行当，只有走投无路的穷苦人家，才会送孩子去学戏。

按照旧时梨园行的规矩，父亲同戏班签了生死状，在约定期限内，对成龙的生杀大权握在师傅手中。戏班里的管教异常严厉，本该在父母膝下承欢的年纪，他却在师傅的鞭子与辱骂下练功，吃尽了苦头。时间不长，他就偷偷跑回了家，父亲勃然大怒，坚决叫他回去："做人应当信守承诺，已经签了合同，绝不能半途而废。咱人虽穷，志不能短！"他只好重新回到戏班，刻苦练功，一练就是十几年。

终于学有所成，戏曲行业却一落千丈，他空有一身本事，却毫无用武之地。当时香港电影业正在迅速发展，但是男影星都是貌比潘安，威武雄壮。个子不高、大鼻子小眼睛的他，怎么在电影界混呢？

经人介绍，成龙进了香港邵氏片场，做了一个"臭武行"，专门跑龙套。

他扮演的第一个角色，居然是一具"死尸"。苦点累点不算什么，要命的是，跑龙套的没有尊严，时常遭人百般刁难，冷嘲热讽。在那样的环境里，他没有怨天尤人，依然刻苦勤奋。由于学了一身好功夫，加上为人厚道，几年以后，他开始担当主角，小有名气，每月能拿到3000元薪水。

有一天，行业内的何先生约他出去，请他出演一个新剧本的男主角："除了应得的报酬，由此产生的10万元违约金，我们也替你支付。"何先生说完强行塞给他一张支票，匆匆离去。他仔细一看，支票上竟然签着100万，好大一笔款子！他从小受尽苦难，尝遍艰辛，不就是盼望能有今天吗？可转念一想，如果自己毁约，手头正拍到一半的电影就要流产，公司必将遭受重大损失。于情于理，他都不忍弃之而去。

一宿难眠。次日清晨，他找到何先生，送还了支票。何先生很是意外，他则淡淡地说："我也非常爱钱，但是不能因为100万就失信于人，大丈夫当一诺千金。"何先生非常欣赏这位年轻人，他的事情也很快传开了。公司得知后非常感动，主动买下了何先生的新剧本，交给他自导自演。就这样，他凭借电影《笑拳怪招》创造了当年的票房纪录，大获成功。那年他才25岁，全香港都记住了他的名字——成龙。

在一次电视访谈中，成龙回忆起往事，感慨万千，深情地说道："坦率地讲，我现在得到了很多东西。但是，如果当初我背信弃义，从戏班逃走，没有这身过硬的武功，或者为了得到那100万一走了之，我的人生肯定要改写。我只想以亲身经历告诉现在的年轻人，做事先做人，最珍贵的莫过于一诺千金。"

所谓良心，即人内心的道德法庭。所谓荣耀，即美好的声誉，他人与社会给予的正面评价。一个人可以因为学识、财富、功勋……而获得人们的钦佩，获得荣耀，然而如若没有良心，即使学识再高、财富再多、功勋再大……也只会遭到人们的唾弃。相反，即使没有学识、没有财富，没有功勋……只要用良心去做人做事，荣耀就会时刻相伴。所以说"达到荣耀的最短途径，就是立志在良心上去做你愿为荣耀所做的一切"，所以成龙才会用亲身经历告诫人们"做事先做人"。

古人说："凡建立功业，以立品德为始基。从来有学问而能担当大事业者，无不先从品行上立定脚跟。"品德是通往荣耀的阶梯，只有把良心的需要填满，这架阶梯才会完整呈现在我们眼前。然而如若没有良心，非但不容易获得荣耀，即使获得了荣耀，也很快就会丢失。下面这个故事就具有发人深思的警示作用。

一个小伙子高中刚毕业就去了法国，开始了半工半读的留学生活。渐渐地，他发现当地的车站几乎都是开放式的，不设检票口，也没有检票员，甚至连随机性的抽查都非常少。于是，他凭着自己的聪明，精确地估算出了这样一个概率——逃票而被查到的比例大约仅为万分之三。他为自己的这个发现而沾沾自喜，从此之后，他便经常逃票上车。

他以出色的成绩大学毕业后，便开始频频出入巴黎一些跨国公司的大门，踌躇满志地推销自己。然而，结局却是他料想不及的。这些公司都是先对他热情有加，数日之后，却又都婉言相拒。他百思不得其解，最后写了一封措辞恳切的电子邮件，发送给了其中一家公司的人力资源部经理，烦请他告知不予录用的理由。当天晚上，他就收到了对方的回复：我们十分赏识你的才华，但我们调阅了你的信用记录后，非常遗憾地发现，你有三次乘车逃票受罚的记载。我们认为此事至少证明了两点：第一，你不尊重规则；第二，你不值得信任。鉴于以上原因，敝公司不敢冒昧地录用你，请见谅。

直到此时，他才如梦方醒，懊悔至极。然而，真正给他的眼球带来强烈冲击力、让他产生一语惊心之感的，却是对方在回信中最后摘录的一句但丁的名言："道德常常能弥补智慧的缺陷，然而智慧却永远填补不了道德的空白。"

故事从反面给我们指明了为人处世的方向：做事前先要问问自己的良心，你才能不偏离方向，你才能成为一个有用的人。

诚实做人，踏实做事

我觉得亚历山大在他的舞台上表现的美德，不及苏格拉底在底层默默表现的美德有力量。苏格拉底处于亚历山大的位子我很容易想象，但亚历山大处于苏格拉底的位子我则想象不出来。若问亚历山大他会做什么，他会回答："征服世界。"问苏格拉底，他会说："让人按照自然状态过日子。"这倒是更普遍、更重要、更合理的学问。心灵的价值不是好高骛远，而是稳实。

——摘自蒙田《随笔·论悔恨》

建立丰功伟业，成为举世瞩目的人，这是许多胸怀大志的人可能立下的理想。然而就像亚历山大想要征服世界一样，拥有惊天动地的事业理想并不能证明我们的价值，如果我们不能稳定踏实地工作、做人，任何理想都会成为一个空洞的口号。

诚实做人，踏实做事，把每一件小事都做到最好，我们就能通过自己的行动去改变身边的人。当这个影响不断地往外扩大，即使我们仍然做着微不足道的工作，也可能已经完成了"征服世界"的伟业——心灵的价值得到了人们的认可与接受，它就会像一条奔腾的大河吸收小支流那样，吸引人们心悦诚服地归附。

著名作家沈从文可谓是一个没有学历而有学问的学者。他怀着梦想刚来到北京闯荡时，一边在北大做旁听生，一边阅读大量书籍，并与诸多大师结识，通过学习使自己不断成长。后来，他又带着一身泥土气息闯入十里洋场的上海，没过多长时间，他就以一手灵气飘逸的散文而震惊文坛。

1928年，时年26岁的沈从文被当时任中国公学校长的胡适聘为该校讲师。在此之前，沈从文以行云流水的文笔描写真实的情感，赢得了一大批读者，在文坛享有很高的声望。但他给大学生讲课却是头一回。为了讲好第一堂课，他进行了认真准备，精心编定了讲义。尽管如此，第一天走上讲台，看见台下黑压压地坐满了学生，他心里仍不免发虚。

面对台下满堂坐着的莘莘学子，沈从文竟整整呆了10分钟，一句话也说不出。后来开始讲课了，由于心情紧张，他只顾低着头念讲稿，事先设计在中间插讲的内容全都忘得一干二净。结果，原先准备的一堂课，十分钟就讲完了。接下来的几十分钟怎么打发？他心慌意乱，冷汗顺着脊背直淌。这样的尴尬场面，他以前还从来没有经历过。

虽然说当时的情景很尴尬，但是沈从文并没有采取投机技巧利用天南地北的瞎扯来硬撑"面子"，而是老老实实拿起粉笔在黑板上写道："今天是我第一次上课，人很多，我害怕了！"于是，这一句老实可爱的坦言"害怕"，引起全体同学一阵善意的笑声……

胡适深知沈从文的学识、潜力和为人，在听说这次讲课的经过后，不仅没有批评，反而不失幽默地说："沈从文第一次上课就成功了！"后来，一位当时听过这堂课的学生在文章中写道，沈先生的坦率赤诚令人钦佩，这是有生以来听过的最有意义的一堂课。

此后，沈从文曾先后在西南联大师范学院和北大任教。正因为不是"科班"出身，他不墨守成规，而代之以别开生面的言传身教的文学教育，获得了成功。而他那"成功"的第一课，则在学生之中不断流传，成为他率直人生的真实写照。

莎士比亚曾经说过，老老实实最能打动人心。面对尴尬的第一堂课，沈从文没有用天南地北的瞎扯来掩饰自己的害怕与慌乱，而是用老实可爱的坦言来展示心灵美的价值。这种听凭内心召唤、遵从本性使然的质朴，是世界的原始本色，是人们缺少却也渴望的品质，它为沈从文赢得的不只是别人的谅解，还有他们的钦佩与敬服。

蒙田说心灵的价值在于稳实，这不仅要求我们做人要实在，也要求做事情不能只有虚空的架子，而要有踏实的内容支撑。

胡锡兰是联想创业元老之一，早在进入联想之前，她就已经是中科院计算所里的一位副研究员了。1985年，在那个广大群众对于"下海"，"经商"还不是很理解的年代里，她毅然放弃了无数人羡慕的中科院研究员的工作来到联想，然而她没想到的是，初来乍到接受的第一个任务竟然是去站柜台……

1985年，胡锡兰刚来到联想就赶上北京展览馆要举办全国科技成果展览。因此，联想派给她的第一件事就是到北京展览馆办展览。当时有人说，一个副研究员，跑到展览会去站柜台，像什么话！不过想想也是，堂堂一个中科院的副研究员，竟然来这里站柜台，搁谁谁也不甘心，心态很容易会受到影响而摆不正自己的位置。但胡锡兰没考虑那么多，她觉得自己刚到一个新环境，要学习的东西还有很多，不应该拿以前的定位来框住自己。她说："我关在机房好多年了，还真想到展览会上去看看人家到底发展成什么样了。"

关于这段站柜台的经历，胡锡兰是这样回忆的：

展览会开始了，一进门就是我们联想的摊位，把着大门，挺显眼。可是四周一看，就有点难为情了。人家公司讲解员都是年轻的小姑娘，穿得漂漂亮亮的，站在那儿也挺漂亮。

我们这摊，我和张品贤，他是正研究员，我是副研究员，两个干巴老头老太太，咋看咋不吸引人。但是后来就不同了，别的摊位都冷冷清清的，唯独我们摊位周围围着一大堆人……我记得当时我介绍的就是"联想汉卡"。

那时我们国家计算机应用水平确实很低，很多人不停地向我问这儿问那儿，我一概来者不拒并耐心给人家解释。可能是我态度好，人看上去踏实，又精通技术的原因吧，再加上参加展览会的人大都是大老远从全国各地来到北京的，就是希望多多了解技术。因此，慢慢地，到我们展台的人逐渐多了起来，很多顾客围着我问，把会场围得水泄不通。

展览会要散会时，我们这儿顾客还是一点没动，所以惹得工作人员拿大喇叭喊："计算所公司的，快收摊儿啦！"然后就把我们赶出来了，于是，大伙儿又把我围在展览馆门前的水池子那儿继续问……一天下来，我虽然说得口干舌燥，非常累，但是心里还是挺高兴的，因为我觉得我还是有一点价值的……

联想的摊位讲解员没有选用年轻漂亮的小姑娘，而是选用了精通技术的研究员，这种不做表面功夫而展示真实力的安排，为联想打响了知名度。胡锡兰以副研究员的身份去做讲解员的工作，没有不平的唠叨，只有踏实的努力，从这份沉静的智慧也可以预见她事业的高度。

蒙田告诉我们，在底层默默表现的美德，要比在舞台上高调宣扬的美德更有力量，沈从文、胡锡兰的故事已经证实了这个说法。我们行走在人生路上，不只是要仰望星空确定方向，更要脚踏实地稳步前进。

"看不清最短的路，永远走最直的路"

每件事物都有不同的特点与境况，要看清和选择其中最有利的去做，实在无能为力，这就使我们举棋不定和手足无措。当一切考虑都对我们不合适时，最可靠的方法以我来看，是采取最诚实与最正义的做法：既然看不清最短的路，永远走最直的路。

——摘自蒙田《随笔·相同建议产生不同结果》

现实生活中常常会出现这样的情况，我们有足够的智慧看出一件事情的复杂，却缺乏智慧去判断自己应该怎么行动才能达到最佳效果。这时候，手足无措或犹豫不定都不能解决问题，唯有采取最可靠的方法，才能最大限度地保证成功。

可是，最可靠的方法是什么呢？就是无愧于心，用蒙田的话说，就是"最诚实与最正义的做法"。著名理学家程颐说："以诚感人者，人亦诚而应。"坚持诚实与正义，既不会触犯他人的利益，引起争端，还能感化别人同样以诚待己，从而让事情得到平等公正的解决。

贵阳南明老干妈风味食品有限责任公司的董事长陶华碧，没上过一天学，她没有文化，却深深懂得这种最可靠方法的奥妙，所以能把麻辣酱这种简单的风味食品做好做大，最终推向全世界。

2000年底，成立才3年半的老干妈公司，就迅速壮大到员工1200多人，产值近3亿元，上缴国家税收4315万元的规模。公司发展到这个程度后，陶华碧渐渐感觉到产品的对外销售成了大问题。陶华碧知道，自己没有文化，不懂什么营销策略，这是自己最大的劣势。但是她也坚信：条条大路通罗马！只要找到土办法，她照样能做大买卖。

可是用什么土办法呢？通过分析，她觉得：对内对外都是与人打交道，都要讲感情。对内，这感情要体现在"真"上；对外，这感情恐怕就要体现在"诚"字上了。只要你赚钱，也保证让别人赚钱，不坑人，不骗人，愿意与你合作做生意的就多，你就能搞好销售。于是，她专门召开经营管理大会，对员工们说："都说无商不奸，我就偏偏不信，我偏偏要'宁可人人负我，我绝不负客户'！请大家一定牢记这一点，在市场竞争中以诚信经营立足，取胜！"

2001年，有一家玻璃制品厂给"老干妈"公司提供了800件（每件32瓶）酱瓶。谁知，公司装上麻辣酱刚销售到市场上，就有客户反映："有的瓶子封口不严，有往外漏油现象。"不巧，一些对手企业不知怎么很快知道了这事，马上利用这事攻击"老干妈"。陶华碧知道后非常重视，要求相关部门迅速查处。一些管理人员向她建议说："可能只是个别瓶子封口不严，把这批货追回重新封口就行了，不然损失就太大了，这可是800件货呀！"陶华碧却坚决地说："不行！这事关公司的信誉！马上派人到各地追回这批货，全部当众销毁，一瓶也不能漏掉！损失再大，也没有在市场上失信的损失大！"结果，这样的做法，虽然使公司损失巨大，却让人们看到了"老干妈"信守质量的决心，坏事变成了好事。

那是在2001年年初，广州有个销售商把年销售"老干妈麻辣酱"的目标定到了3000万元。陶华碧觉得这个目标太高，很难实现，就半开玩笑地说："你如果真实现这个目标，我年终就奖你一辆轿车！"销售商听了也没怎么当真，他知道陶华碧特别节俭——她当了这么大的老板，自己却一直连轿车都不配，平时出门办事大多去挤公汽、中巴，即使是去税务所交税，也是兜里揣上作为中餐的两个馒头，坐着农用车往返，她怎么会舍得奖外人轿车呢？可是到了年终，销售商真的完成了3000万元的销售额。这时，陶华碧表态了："人要讲信用，说出去的话就像泼出去的水，不负责任怎么取信于人？"她力排众议，奖了这位销售商一辆捷达轿车！这事传开后，销售商们都感叹道："还是'老干妈'最讲诚信啊！对她这样的人，谁还会忍心骗她！"

诚信让陶华碧赢得了好声誉，也尝到了甜头，这使她更加把诚信经营当作企业发展的法宝。她自信地说："我不懂什么时髦的管理方法，我就靠诚信，我要诚得别人不忍心骗我！谁要是骗了我，别人就会说：'你连她都忍心骗啊？'谁就在同行中臭名远扬，难以立足！"没想到，有些合作伙伴和厂家为了私利或某种目的，还真的准备骗她。有一次，她的公司急需豆豉原料，让重庆的一家豆豉酿造厂赶紧运来了10多吨豆豉；因为是"等米下锅"，检验员收货时也就没特别仔细看；谁知货下车后，才发现外面摆放的豆豉是质量好的，里面的豆豉居然都馊了！如果只顾赶着生产，这批豆豉经过特殊处理后用一用也未尝不可，但陶华碧哪能容忍对顾客有一点儿欺骗？她坚持退货，公司也因缺原料被迫停产两天，造成了莫大的损失。但这件事传开后，陶华碧为顾客真诚负责的精神感动了人们，"老干妈"在市场上的信誉更好了。而重庆的那家豆豉酿造厂呢，却因为连陶华碧都欺骗，顿时成了"千夫所指"的过街老鼠，在同行业的信誉一落千丈。

凭着诚信，陶华碧在同行中赢得了广泛的信誉，她的企业不断壮大，品牌广为人知，产品畅销海内外。

以上几件事情中，陶华碧找不到既不让自己遭受损失，又不损害消费者或合作者的利益的办法，所以她选择了最稳妥的做法，就是宁可自己做那个吃亏者。事实证明，这种诚信投资是正确的，良好声誉挣回的收获远胜过损失。

我们知道，经商只是社会活动中的一种，日常生活中我们还会做很多其他事情，与很多不同的人打交道，这时候，诚实与正义也是解决一切问题的最可靠方法。俗话说，精诚所至，金石为开，做任何事都以诚为先，就能感动对方，将矛盾由大化小，由小化无。

第五章
拒绝消极情绪，培养积极心态

控制情绪多用理智

我很少感觉这种强烈的情感。我天生感觉迟钝，并每天通过理性将感情约束。

——摘自蒙田《随笔·论忧伤》

情绪和情感是我们每个人天生就具有的一种感受。日常生活里，我们的情绪和情感多是平淡的，难以察觉的。但如果有什么重大事情发生，例如参加一次非常重要的考试，或者忽然听到一个震惊的消息，我们的情绪和情感就可能迅速变得强烈，冲出我们的掌控范围。

过度强烈的情绪和情感，就像一个旋涡，会把我们带往沉陷水底。在这个过程中，我们的身心都会遭受巨大的损害。要避免这样的伤害，我们就要学会理性开导自己的情绪和情感，不让它集结成可以伤害我们的力量。

古希腊哲学家苏格拉底见到一位年轻人茶饭不思，精神萎靡，见状甚哀。

苏格拉底：孩子，为什么悲伤？

失恋者：我失恋了。

苏格拉底：哦，这很正常。如果失恋了没有悲伤，恋爱大概也就没有什么味道。可是，年轻人，我怎么发现你对失恋的投入比对恋爱的投入还要倾心呢？

失恋者：到手的葡萄给丢了，这份遗憾，这份失落，您非个中人，怎知其中的酸楚啊。

苏格拉底：丢了就是丢了，何不继续向前走去，鲜美的葡萄还有很多。

失恋者：等待，等到海枯石烂，直到她回心转意向我走来。

苏格拉底：但你最后也许会眼睁睁地看着她和另一个人走了。

失恋者：那我就用自杀来表示我的诚心。

苏格拉底：但如果这样，你不但失去了你的恋人，同时还失去了你自己，你会蒙受双倍的损失。

失恋者：踩上她一脚如何？我得不到的别人也别想得到。

苏格拉底：可这只能使你离她更远，而你本来是想与她更接近的。

失恋者：您说我该怎么办？可我真的很爱她。

苏格拉底：如果真的很爱她，那你当然希望她得到幸福？

失恋者：那是自然。

苏格拉底：如果她认为离开你是一种幸福呢？

失恋者：不会的！她曾经跟我说，只有跟我在一起的时候她才感到幸福！

苏格拉底：那是曾经，是过去，可她现在并不这么认为。

失恋者：这就是说，她一直在骗我？

苏格拉底：不，她一直对你很忠诚。当她爱你的时候，她和你在一起，现在她不爱你，她就离去了，世界上再没有比这更大的忠诚。如果她不再爱你，却还装着对你很有情谊，甚至跟你结婚、生子，那才是真正的欺骗呢。

失恋者：可我为她所投入的感情不是白白浪费了吗？谁来补偿我？

苏格拉底：不，你的感情从来没有浪费，根本不存在补偿的问题。因为在你付出感情的同时，她也对你付出了感情，在你给她快乐的时候，她也给了你快乐。

失恋者：可是她现在不爱我了，我却还苦苦地爱着她，这多不公平啊！

苏格拉底：的确不公平，我是说你对所爱的那个人不公平。本来，爱她是你的权利，但爱不爱你则是她的权利，而你却想在自己行使权利的时候剥夺别人行使权利的自由。这是何等的不公平！

失恋者：可是您看，现在痛苦的是我而不是她，是我在为她痛苦。

苏格拉底：为她而痛苦？她的日子可能过得很好，不如说是你为自己而痛苦吧。明明是为自己，却还打着别人的旗号。年轻人，德行可不能丢。

失恋者：依您的说法，这一切倒成了我的错？

苏格拉底：是的，从一开始你就犯了错。如果你能给她带来幸福，她是不会从你的生活中离开的，要知道，没有人会逃避幸福。

失恋者：什么是幸福？难道我把我的整个身心都给了她还不够吗？您知道她为什么离开我吗？仅仅因为我没有钱！

苏格拉底：你也有健全的双手，为什么不去挣钱呢？

失恋者：可她连机会都不给我，您说可恶不可恶？

苏格拉底：当然可恶。好在你现在已经摆脱了这个可恶的人，你应该感到高兴，孩子。

失恋者：高兴？怎么可能呢，不管怎么说，我是被人给抛弃了，这总是叫人感到自卑的。

苏格拉底：不，年轻人的身上只能有自豪，不可自卑。要记住，被抛弃的并非是不好的。有一次，我在商店看中一套昂贵的西服，可谓爱不释手。营业员问我要不要。你猜我怎么说，我说质地太差，不要！其实，我口袋里没有钱。年轻人，也许你就是这件被遗弃的西服。

失恋者：您真会安慰人，可惜您还是不能把我从失恋的痛苦中引出。

苏格拉底：是的，我很遗憾自己没有这个能力。但，可以向你推荐一位有能力的友人。它就是时间。时间是人最大的导师，我见过无数被失恋折磨得死去活来的人，是时间帮助抚平了心灵的创伤，并重新为他们选择了梦中情人，最后他们都享受到了本该属于自己的那份人间之乐。

失恋者：但愿我也有这一天，可我的第一步该从哪里做起呢？

苏格拉底：去感谢那个抛弃你的人，为她祝福。

失恋者：为什么？

苏格拉底：因为她给了你忠诚，给了你寻找幸福的新机会。

失恋者和苏格拉底，一个代表着情绪，一个则代表着理智。失恋者深深陷入负面情绪中，失落、萎靡，甚至产生自杀和报复的念头。苏格拉底则运用理智的力量，对失恋者的情绪和想法进行分析，帮助他权衡利弊，一步一步开导了失恋者。

心理学上研究，人在遇到刺激时，首先产生神经反应的是情绪而非理智。随后，大脑皮层才会指示理智打跑情绪，占领山头。但有时候，情绪上来得很快，还没等我们意识到就已然受其控制，不假思索地干出冒失事儿来。我们常说的头脑发热便是明证。

理智是一种思考、计算、衡量、推理与逻辑的能力，是辨别是非、利害关系以及控制自己行为的能力。当我们说一个人是理智的，代表他的行为都是经过思考，考虑过对错、前因后果，有道理，合乎逻辑的。所以当我们注意到自己为不良情绪所控时，不妨动用理智的能量，来约束我们将要爆发的情感。我们可以从一数到十，强迫自己想想，究竟是什么原因促使自己产生这样的情绪？任由这样的情绪发展下去将会出现什么后果？俗话说，三个臭皮匠赛过诸葛亮。我们还可以借助长辈、朋友的智慧，帮助我们摆脱情感的漩涡。

理智战胜感情，需要顽强的毅力、坚忍的意志，需要忍痛割爱，更须在日常生活、学习中不断培养，使它成为一种优秀品质、自觉的习惯。

需要注意的是，要求理智行事并不意味着拒绝感情，或忽略压抑感情。相反，我们应当考虑到它们的存在，掌握表达感情的方式，培养积极情绪。

转移注意力，远离消极情绪

当心灵激动的时候，如果没有目标，似乎也会迷失方向；因此，应该为心灵提供发泄的目标。

——摘自蒙田《随笔·如何让感情转移目标》

蒙田是在讲到他认识的一个贵族时，说出上面这句话的。当时，那位贵族备受风湿症发作带来的剧烈疼痛的折磨，他的医生敦促他戒掉吃咸肉的习惯，于是他每当疼痛时，就拼命咒骂咸香肠、牛舌头和火腿等，在过足"口瘾"的同时，疼痛似乎也得到了减轻。

当然，我们知道，这位贵族的疼痛并没有因为他咒骂这些他想吃又不能吃的食物而减轻，只不过是他的注意力都用在咒骂这件事情上，所以才没有空去注意疼痛到底有多剧烈，因此痛苦似乎也就没那么难以忍受了。

的确，很多时候，我们对一件事情感到非常欢喜，或者非常讨厌，甚至憎恨，其中很大一部分因素是因为我们把注意力全都集中在它上面了，潜意识会因为这份关注而加深对这种感受的印象。而一旦我们把注意力移开，不但这份另外增加的印象会消失，甚至针对这件事情的感受神经也会像服了麻醉药一样，慢慢钝化。

有一个对生活极度厌倦的绝望少女，她打算以投湖的方式自杀。在湖边她遇到了一位正在写生的老画家，老画家专心致志地画着一幅画。少女厌恶极了，她鄙薄地看了老画家一眼，心想：幼稚，那鬼一样狰狞的山有什么好画的！那坟场一样荒废的湖有什么好画的！

老画家似乎注意到了少女的存在和情绪，他说："姑娘，来看看画吧。"

少女走过去，傲慢地睨视着老画家和他手里的画。但她很快就被吸引了，将自杀的事也忘得一干二净。她从没发现过世界上还有那样美丽的画面——他将"坟场一样"的湖面画成了天上的宫殿，将"鬼一样狰狞"的山画成了美丽的、长着翅膀的女人，最后将这幅画命名为"生活"。少女觉得自己的身体在变轻，在飘浮，她感到自己就是那袅袅婀娜的云……

良久，老画家突然挥笔在这幅美丽的画上点了一些黑点，似污泥，又像蚊蝇。少女惊喜地说：星辰和花瓣！

老画家满意地笑了："是啊，美丽的生活是需要我们自己用心发现的！"

当少女沉浸在对生活的绝望情绪中时，她想要做的事情就是离开这个世界。可是，当她的注意力被老画家和他手里的画所吸引，当她看到世界是那么美丽，而世事是那么奇妙，就连老画家留在画上的黑点，也被她看成了"星辰和花瓣"。不必故事言明我们都能猜到接下来的发展：少女因为发现生活美好的一面，所以选择愉快地继续生活，并且为自己曾有过轻生的念头但最终没有执行而感到庆幸不已。

所以，当你情绪激动时，为了使它不至于爆发和难以控制，可以有意识地转移注意力，把注意力从引起不良情绪反应的刺激情境转移到其他事物或活动上去，就像著名歌唱家帕瓦罗蒂即将发狂时所做的那样。

著名歌唱家帕瓦罗蒂30岁那年的初夏，他应邀来到法国的里昂参加一个演唱会。他提前一天赶到里昂，晚上就在歌剧院附近的一个小旅馆住了下来。由于旅途劳累，为了不影响第二天的演出，帕瓦罗蒂便提早睡了。没过多久，他就被隔壁房间传来的婴儿啼哭声吵醒了。

那孩子哭了半个多小时，完全没有停止的意思，而且每一声都跟第一声一样洪亮。为了不使自己被这哭声折磨得发狂，无奈之下，帕瓦罗蒂索性把它当作歌声来欣赏了。渐渐地，他竟佩服起那孩子来，因为想到自己唱歌唱到一个小时，嗓子就沙哑了，而这孩子的声音却依然洪亮。

如此一想，帕瓦罗蒂立刻兴奋起来，急忙回到床上，让耳朵紧贴墙壁，细心地倾听起来。他很快就有了不同寻常的发现：孩子的哭声哭到快破的临界点时，会把声音拉回来，这声音就不会破裂，这是孩子在用丹田发音而不是用喉咙。帕瓦罗蒂也开始学着用丹田发音，试着唱到最高点，保持第一声那样洪亮，就这样帕瓦罗蒂练了一个晚上。在第二天的演唱会上，他以饱满洪亮的声音征服了所有观众。

试想，如果当时帕瓦罗蒂没有给自己找到一个转移注意力的目标，没有由孩子的哭声联想到歌唱的技巧，而是任由自己沉没于着急和苦恼之中，那么现在的世界上还会有那么优秀的"男高音"，帕瓦罗蒂还会有今天这样的辉煌吗？答案也许是"有"，但恐怕得多花上几年甚至十几年的努力才能实现吧。因为成功的机遇往往更青睐那些懂得放松、懂得充分利用理智的心灵。

那么如何转移注意力呢？可以做一些自己平时感兴趣的事，如玩游戏、打球、下棋、听音乐、看电影、读报纸等；可以到室外走一走，到风景优美的环境中玩一玩；也可以用工作和杂事来转移注意力。这里介绍一个数数法。数数是一种简单的技能，它能让我们的大脑运行起来，帮我们专注于烦恼以外的事。比如数我们的呼吸，坐在舒适的椅子上，手放在肚子上，做一个舒缓的深呼吸，想象吸气进入胃里，而不是肺里，感觉自己的肚子随着每一次吸气像气球一样胀大，然后开始数自己的呼吸。也可以做一些数数游戏，比如用一百作基数，减去七，得到的数字继续减七，一直进行下去。这些活动都能让我们从烦恼中摆脱出来，因为它需要我们的注意力特别集中。

激动时，"把事情搁一搁再说"

当脉搏加快、心里有气时，把事情搁一搁再说。心平气和了，看事情就会是另一个样。不然操纵的是情绪，说话的是情绪，而不是我们自己。

——摘自蒙田《随笔·论发怒》

愤怒是与生俱来的一种强烈情绪，它能宣泄内在的积郁，能引发实践的行动，也可以成为毁灭性的力量。了解它，控制得好，就会拥有成功的人生；不了解它，任凭愤怒的情绪摆布，就会陷入困境之中。正如蒙田所说，生气时掌握操控权的是情绪，说话的是情绪，而不是我们自己。

被愤怒的情绪掌控，我们可能会做出错误的决定，甚至为此付出沉重的代价。三国时的刘备就曾吃过这样的教训。

三国时期，关羽失守荆州，败走麦城被杀！此事激怒刘备，遂起兵攻打东吴，众臣苦谏，因为这么做实在是因小失大。正如赵云所说："国贼是曹操，并不是孙权，如果我们先灭掉曹魏，孙吴自然就会降服。现在曹操虽死，但其子曹丕篡盗皇位，引起公愤，应该利用此民愤，早日出兵占据关中，占据黄河、渭水上游以讨伐逆贼，那么关东义士必裹粮策马以迎王师。因此，不应该放置魏国，反而先打吴国。而且与吴国的战争一旦开始，就不易停止了，伐吴并非上策。"诸葛亮也上表劝谏，可是刘备看完后，把表掷于地上，说："朕意已决，无得再议。"执意东征，最终兵败。

但是，人都不免有愤怒的时候。当我们的脉搏加快了，心里的怒气"噌噌噜"地往上冒的时候，我们应该怎么办？最好的做法就是及时叫停。心理学家告诉我们，叫停，想一想，再去做，这三个步骤，是避免陷入怒火中烧的最好方法。这与蒙田所说的"把事情搁一搁再说"的方法不谋而合。

事实上，很多事情，在我们生气时就进行处理的话，往往会搞得一团糟，但"搁一搁"再处理，解决起来就轻松容易得多。而且，在把事情"搁一搁"的时候，我们也不一定就傻傻地在一边等着，我们可以先处理其他事情。这样既合理利用了时间，又不会让自己犯下冲动的过错。

一名学生有急事要请教吉纳教授。原来其他实验室的另一名研究生出言不逊，当众讽刺他理论过时，见解平庸，令他大为恼火。他不知道是该直接找那个学生论个明白，还是应该找对方的教授评理。他这次来，就是要征求吉纳教授的意见。

"年轻人，"吉纳教授慢条斯理地说，"有时候，别人的言行是很难理解的。如果你不介意，让我给你一个小建议。批评和侮辱，跟泥巴没什么两样。你看，我大衣上的泥点，就是今早过马路时溅上的。如果我当时立即去抹，一定会搞得一团糟。所以我把大衣挂到一边，专心干别的事，等泥巴晾干了再去处理它，就非常容易了。瞧，轻轻掸几下就没事了。"

好恰当的比喻！老教授的处世智慧令人叹服。这个聪明的学生也顿时醒悟，连连道谢。吉纳教授最后说："我年轻时不善于控制情绪，深受其害。慢慢地我发现，最好的办法是先把让我恼火的事搁在一边，晾一会儿。等我冷静下来后，再去对付它们。如果你现在就去质问他，你会更生气，矛盾会更严重。我建议你等情绪的水分都蒸发掉了，再来想这件事。到那时，如果你还打算讨伐他，请再来找我。不过晾干水分后，你也许会发现那泥点也淡得找不到了！"

蒙田说："带着情绪看错误会看得更大，就像透过浓雾看物体看不清楚。"所以，生活中那些有智慧的人，通常都不会让自己在气头上乱下决定，而是等到心平气和了，看清楚事实真相了，再做判断。同时，一个有智慧的人，也不会听信一个心情不平稳之人对事情的描述，不会为争论中的人做裁决。

一个人因为一件小事和邻居争吵起来，争论得面红耳赤，谁也不肯让谁。最后，那人气呼呼地跑去找牧师，牧师是当地最有智慧、最公道的人。

"牧师，您来帮我们评评理吧！我那邻居简直是一堆狗屎！他竟然……"那个人怒气冲冲，一见到牧师就开始了他的抱怨和指责，然而在他正要大肆指责邻居的不对时，却被牧师打断了。

牧师说："对不起，正巧我现在有事，麻烦你先回去，明天再说吧。"

第二天一大早，那人又愤愤不平地来了，不过，显然没有昨天那么生气了。

"今天，您一定要帮我评出个是非对错，那个人简直是……"他又开始数落起别人的劣行。

牧师不快不慢地说："你的怒气还是没有消除，等你心平气和后再说吧！正好我的事情还没有办好。"

一连好几天，那个人都没有来找牧师了。牧师在前往布道的路上遇到了那个人，他正在农田里忙碌着，心情显然平静了许多。

牧师问道："现在，你还需要我来评理吗？"说完，微笑地看着对方。

那个人羞愧地笑了笑，说："我已经心平气和了！现在想来也不是什么大事，不值得生气的。"

牧师仍然不快不慢地说："这就对了，我不急于和你说这件事情就是想给你时间消消气啊！记住：不要在气头上说话或行动。"

德国军队向来以纪律严明著称，他们有一条军规颇为耐人寻味，与牧师的做法有异曲同工之妙。

在一本德国老兵的回忆录中，记录了一条耐人寻味的军规：一名士兵可以检举同伴的错误，被检举人也有权反驳。但如果长官发现检举和反驳的士兵曾在近期发生过冲突，那么两个人都会受罚。发生过冲突的人至少要等一周，等情绪完全冷静下来，才可以告对方的状。

其实，不仅生气的时候，应该努力避免被情绪支使做出错误的判断，在面对其他情绪的时候，如果我们做不到平心静气，也最好不要太快地做任何决定，因为那时候的决定往往是片面的、不客观的。

艾佳有一天整理旧物，偶然翻出几本过去的日记。她翻了几页，都是些现在看来根本不算什么，可是在当时却感到"非常难过""非常痛苦"或是"非常难忘"的事。看了不觉好笑，艾佳放下这本又拿起另一本，翻开，只见扉页上写道："献给我最爱的人——你的爱，将伴我一生！我的爱，永远不会改变！"

看了这一句，艾佳的眼前模模糊糊浮现出一个男孩的身影。曾经以为他就是自己的全部生命，可是离开校门以后，他们就没有再见面，她不知道他现在在哪儿，在做什么。她只知道他的爱没有伴自己一生，她的爱，也早已经改变。

是的，当我们面对悲伤、挫折、成功时，我们的情绪都是处于一种激荡的状态，我们在这个时候做的决定，也都会烙上这种情绪的印记，不再是出于公正的判断。有些事情，下错了决定可以从头再来，不会有太大损失，但有些事情如果判断错了，有可能影响我们的人生。所以，慎重做决定，尤其是在情绪激荡时，记得提醒自己："把事情搁一搁再说。"

给坏情绪找个释放通道

气愤心情表达出来就会减弱，宁可让势头冲出体外也不要对着自己别扭。"暴露在外的疾患是较轻的，隐藏在健康的外表下危害很大。"（塞涅卡）

——摘自蒙田《随笔·论发怒》

前面，蒙田提醒我们，不要为了一时之快，被情绪操纵着做决定。但同时，他也看到，一个人的情绪如果不适当发泄出来，也会导致自己心理不平衡，危害身心健康。在我们接受的各种教育中，不乏教我们如何去控制自己的情绪的，但是事实上，要保持心理健康，我们还必须学会适度宣泄，学会把内心的不快情绪释放出来。

蒋健是某公司的销售代表，他已经从事销售行业将近五年，业绩一直不错，可是最近他的事业遇到了挫折，他将公司一项很重要的生意搞砸了。为此，老板狠狠训了他一顿，他心中感到不平，因为无论如何，他也为公司立下了汗马功劳。但为了这份还算不错的工作，他忍了下来。可是屋漏偏逢连夜雨，相处几年的女友又提出要和他分手，理由很简单，女友说和他在一起没有感觉了。蒋健实在无法理解这个蹩脚的理由，但也没办法，毕竟女友决心已下，似乎很难更改了。他感到很痛苦，面对工作和爱情的双重挫折，他的心情非常压抑，除了工作必须，平时他也不爱说话了，性情变得越来越孤僻。

其实，蒋健的最大问题，不是遭遇工作和爱情的双重打击，而是在痛苦面前，他不懂得宣泄。这种糟糕的情绪一直停留在他体内，就像一堆化学物质堆积在他身体里，慢慢起着化学反应，生成有害物质。虽然从外表一下子看不出什么变化，但随着有害物质越积越多，这种情绪的危害就越来越明显——最后蒋健的性情大变，越来越抑郁，越来越孤僻，而他的痛苦却依然存在。

坏情绪郁积在心里，还有一个可怕的后果，就是会盲目地向外冲击，其伤害的目标，可能是朋友，可能是亲人，也可能是自己。这就好像一只困兽，为了挣脱束缚而胡乱冲撞；也像一场洪水，咆哮着向四面八方冲刷，把任何阻拦都视为敌人般对待。如果我们不及时把坏情绪发泄出来，让这只"洪水猛兽"继续壮大，那就等于在自己体内装了一个炸弹，不知什么时候它就可能爆炸，给我们来一个彻底的"解放"。

王军是某政府机关副处长，与处长关系处理得很不好，工作起来不愉快，想换其他部门又不可能，是继续与处长对抗还是妥协？或寻求和解？王军觉得自己根本找不到办法，就开始逃避。平时工作上的事情，不表态，不提建议，进行消极对抗。烟酒不沾的他开始喝酒，业务上不求上进，喜欢回家看电视。因为不知如何应付与上司的人际关系，王军长期失眠，情绪焦虑，胃口不好，常在家中发脾气，甚至迁怒于妻儿。对此，他非常苦恼。

坏情绪要发泄出来，最直接最有效的办法就是大声地说出来。通常，我们可以找自己最信赖的亲人、朋友作为倾听者。但如果觉得在他们面前发泄会不好意思，那么我们也不妨找个陌生人作为倾听者。

就如塞涅卡所说，"暴露在外的疾患是较轻的，隐藏在健康的外表下危害很大"。不管出于什么理由，用伪装的正常来掩饰自己内心的不愉快感受，都是不可取的，严重的话甚至可能演变成心理疾病。

2008年5月12日汶川大地震发生时，家住在都江堰的小柯正在教室上课。突然，教室晃得很厉害，他撒腿就往楼下跑。等到他跑到操场回头看时，四层的教学楼刹那间被夷平了。小柯愣住了，但他并没有哭。之后好几天，他都不怎么说话。有人知道他是第一个逃出的孩子后，就会问他："当时，你怕不怕？"小柯总是摇头。

地震后的第8天，心理医生遇到了小柯，想和他握手，但小柯并没有把手伸出来。基于这一点，心理医生判断，这小孩心里出事了！

有了这个判断后，心理医生不断地找话题，和小柯聊天，并且拥抱他。开始小柯只是安静地听着，很少回应。第二天上午，心理医生再去找他时，他腼腆地笑了笑。

不断沟通后，小柯终于愿意讲话了，说起了当时的经历，说了原来的生活，逐渐熟悉后，心理医生对小柯说："你画张画给叔叔留念吧！把你想说的，把你的希望都画在画上。"

于是，小柯画了幅画：一个孩子孤零零地站在高楼上，周围有树、有花、有太阳，但就是没有人……看到这幅画，心理医生的眼睛湿润了，他知道，孩子的心其实受到了伤害。他对小柯说："害怕不是错，有什么就说出来。"这时，似乎压抑了许久的小柯才说："叔叔，其实我害怕！"说着，泪如雨下。医生把孩子抱在怀里，孩子的恐惧终于释放了出来。

情绪的变化仿佛遵循物理学中的"能量守恒定律"，它的产生是由某个事件引起的，又必须通过另一个事件才能把它转化消除。所以，我们应该为自己的心灵重新定位，把它看作情绪的驿站而不是目的地，各种情绪可以在这里暂时停留，但到了时间都必须离开。

情绪像支箭，无靶不能发

> 一个人怒气是发不大的，只有双方都发，还比赛着发，才会形成暴风雨。让各人尽情发脾气，我们就会相安无事。药方很灵，但配药很难。
>
> ——摘自蒙田《随笔·论发怒》

俗话说"一个巴掌拍不响"，我们在生气发怒的时候，自己就只是一个巴掌，往往需要另外一个巴掌来应和，才会把怒气发得噼里啪啦痛快淋漓。就像蒙田说的，怒气要在两个人比赛着发的情况下才会形成破坏力极强的"暴风雨"。

情绪就像是一支箭，当它瞄准了箭靶的时候，其气势是最强盛的。可是，这时候如果有人能够把箭靶撤走，那么这支箭的气势就会瞬间被瓦解。俄罗斯的两位文学巨匠——列夫·托尔斯泰和屠格涅夫曾经是非常要好的朋友，就是因为情绪爆发时双方都没能控制好自己，既无情地射出"利箭"去伤害对方，又鲁莽地站出来充当对方的"箭靶"，以至于深厚的友情因此决裂，久久不能弥合。

1861年5月的一天，列夫·托尔斯泰和屠格涅夫应邀来到作家朋友费特的庄园做客。

当时大家在一起闲聊，偶尔提及屠格涅夫非婚女儿的教育问题。费特太太问屠格涅夫，他女儿的那位英国女教师怎么样。屠格涅夫认为女儿的家庭女教师是不错的。他举了一个例子：一次，这位女教师以她特有的认真到刻板的脾气，让屠格涅夫给女儿一笔款项，供女儿支配用于慈善事业，以此来培养女儿的善良心性。接着，屠格涅夫又说："现在，这位英国小姐又让我女儿收集贫困农民的破衣裳，亲手补好后再归还原主。"言语之间，对这种做法十分欣赏。

托尔斯泰一贯对老爷贵族的教育体系颇为不满，认为他们虚伪、造作。听了屠格涅夫的话，托尔斯泰立即接了一句："那么您认为这样做就好吗？"

屠格涅夫回答："当然，这样做能使施善的人更加同情那些贫穷的人。"

托尔斯泰不客气了："可我认为一位打扮得漂漂亮亮的姑娘，拿一些肮脏发臭的破衣裳摆在膝头，倒像是演一幕不真诚的戏。"

在托尔斯泰的意识里，真正的善行是出自内心，而不是表面。但这话听起来似乎是说屠格涅夫乐意女儿表演善行。屠格涅夫被激怒了：

"您这样说，是否说明我教坏了女儿？"

托尔斯泰不依不饶，他顽强地回答：

"我自己深信不疑的东西，为什么不能说出来呢？"

屠格涅夫勃然大怒，立即嚷叫起来：

"如果您再用这种腔调说下去，我就掴您的耳光……"

贵族而绅士气的托尔斯泰当即站起来，回到一个离自己家不远的小站，在那里派人找来手枪子弹，准备与屠格涅夫决斗。但是，他并没有立即实施，他希望得到屠格涅夫的道歉。他派人给屠格涅夫送去一封信："我希望，您的良心已经对您说，您对我的态度多么错误，特别是当着费特及其夫人的面这样做……"

屠格涅夫也意识到自己言辞的粗鲁。在贵族气十足的环境中，当着一位朋友及夫人说"掴耳光"之类的话是很低俗的。他立即给托尔斯泰回了一封道歉信："要回答您的信，我只能重复我在费特家中认为应该向您声明的那些话：我被一种不知不觉的厌弃的感情所迷惑（现在以此为理由是不恰当的），在您这方面没有任何真正原因我就侮辱了您，请您原谅。现在我在书面上再重复这一点——我再次请您原谅……"可阴差阳错的是，这封信送到了托尔斯泰的庄园，而托尔斯泰又没有回家。没有办法，仆人将信带回。见此情况，屠格涅夫又在信中对此疏忽表示歉意，并让仆人赶紧将信送去。

可事情有些来不及了。时间的差错使得托尔斯泰以为屠格涅夫没有道歉诚意。他即刻又写了一封措辞严厉、要求决斗的信送给屠格涅夫，并且说：我希望真正的决斗。

屠格涅夫本来已经道过歉，可又接到这封措辞严厉、要求决斗的信，内心非常痛苦。他在回信中再次对当时对立气氛中说出的粗鲁话进行了解释，也无奈地接受挑战。他希望按传统方式——各带副手——进行决斗……

在朋友们的劝说下，事态终于得以平息，没有酿成世界文坛的憾事，但此次激烈严重的冲突仍极大地刺激了双方的自尊心，导致了双方关系的破裂。这道裂痕整整延续了17个年头，长长的，深深的……

当一个人陷入激动情绪中时，另外一个人保持冷静，冷静地听任对方发脾气，不仅能避免把小问题变成大矛盾的情况出现，有的时候还能赢得对方的信任与赞赏，为自己创造成功的机会。

服装界有名的商人史瓦兹是一个善于容人的经营者，他的成功就和自己善于包容不同个性人才的品格有很大关系。

史瓦兹刚入服装行业的时候，有一次他拿着样衣经过一家小店，却无缘无故地被店主讥讽嘲笑了一通，说他的衣服只能堆在仓库里，再过10年也卖不出去。史瓦兹并未反唇相讥，而是诚恳地请教，这个小店主说得头头是道。史瓦兹大惊之下，愿意高薪聘用这位怪人。没想到这个人不仅不接受，还讽刺了史瓦兹一顿。史瓦兹没有放弃，运用各种方法打听，才知道这小店店主居然是一位极其有名的服装设计师，只是因为他自诩天才、性情怪僻而与多位上司闹翻，一气之下发誓不再设计服装，改行做了小商人。

史瓦兹弄清事情原委后，三番五次登门拜访，并且诚心请教。这位设计师仍然是火冒三丈，劈头盖脸地骂他，坚决不肯答应。史瓦兹毫不气馁，常去看望他，经常和他聊天并给予热情的帮助。这位怪人到最后，也很不好意思了，终于答应史瓦兹，但是条件非常苛刻，其中包括他一旦不满意可以随意更改设计图案，允许他自由自在地上班。果然，这位设计师虽然常顶撞史瓦兹，让他下不了台，但其创造的效益确是可观的，帮助史瓦兹建立了一个庞大的服装帝国。

设计师的脾气古怪而暴烈，史瓦兹如果正面去抵挡，必然会把他的火气越抬越高，最后导致两败俱伤。幸好，宽容的品格让史瓦兹保持了冷静，这样不但制服了设计师的坏脾气，还赢得了他的信任，说服他加盟自己的生意，创造了巨大的效益。

发作出来的情绪是一支离弦的箭，如果我们不撤走自己这个"箭靶"，不仅会让自己受伤，还会激发对方继续"放箭"的欲望。其实，在别人发脾气的时候，不去堵截应和，那么箭雨就会变成一场暴雨，下完了也就天晴了。

顺其自然看事情

对于一切已经过去的事，不论其结果如何，我很少抱憾。它们本来就应该这样发生的，这个想法使我免除烦恼。

——摘自蒙田《随笔·论悔恨》

有一个女孩，她站在台上，不时无规律地挥舞着她的双手。仰着头，脖子伸得好长好长，与她尖尖的下巴扯成一条直线。她的嘴张着，眼睛眯成一条线，诡谲地看着台下的学生。偶尔，她口中也会咿咿唔唔的，不知在说些什么。基本上她是一个不会说话的人。但是，她的听力很好。一旦对方猜中或说出她的意见，她就会乐得大叫一声，伸出右手，用两个指头指着你，或者拍着手，歪歪斜斜地向你走来，送给你一张用她的画制作的美丽的明信片。

她就是黄美廉。一位自小就染患脑性麻痹的病人。脑性麻痹夺去了她肢体的平衡感，也夺走了她发声讲话的能力。从小生活在自身行动不便及众多异样的眼光中，她的成长充满了血泪。然而她没有让这些外在的痛苦，击败她内在奋斗的精神！她昂然面对，迎击一切的不可能。终于，她获得了美国加州大学艺术博士学位。她用她的手当画笔，以色彩告诉人"寰宇之力与美"，并且灿烂地"活出生命的色彩"。全场的学生都被她失控的肢体动作震撼住了。这是一场倾倒生命，与生命相遇的演讲会。

"请问黄博士，"一个学生小声地问，"你从小就长成这个样子，请问你怎么看你自己？你都没有怨恨吗？"老师心头一紧，心想：真是太不成熟了！怎么可以当着面，在大庭广众之下问这种问题？

"我怎么看自己？"黄美廉用粉笔在黑板上重重地写下这几个字。她写字时用力极猛，有力透纸背的气势。写完这个问题，她停下笔来，歪着头，回头看着发问的同学，然后嫣然一笑，在黑板上龙飞凤舞地写了起来：

一，我好可爱；二，我的腿很长很美；三，爸爸妈妈这么爱我；四，上帝这么爱我；五，我会画画，我会写稿；六，我有只可爱的猫；七，还有……

这时，教室内鸦雀无声。她回过头来看着大家，再回过头去，在黑板上写下了她的结论："我只看我所有的，不看我所没有的。"掌声在学生群中响起。黄美廉倾斜着身子站在台上。满足的笑容，从她的嘴角荡漾开来，眼睛眯得更小了，一种永远也不被击败的傲然，写在她脸上。

相对于许多健康的人来说，黄美廉是不幸的，但是相对于那些拥有健康却不懂得珍惜，还常常为了生活中的一些小遗憾而自怨自艾、无法自拔的人来说，黄美廉是幸运的，因为她懂得顺其自然地看事情，接受自己没有的，珍惜自己拥有的。

这个世界上，任何人都不可能拥有所有的东西。如果总想着自己没有的和得不到的东西，人生就会充满遗憾、不平，烦恼就会一直纠缠着我们。所以，对于一切已经过去、结果已成定论的事情，我们要像蒙田那样对自己说："事情本来就应该这样发生的。"

有人可能会说，黄美廉的不幸是天生的，所以用蒙田的那句话来宽慰自己，很容易。但生活中有很多事情，本来是可以凭借自己的努力去改变的，却因为某些原因而没有达到想要的结果，这样的事情怎么能轻易释怀呢？

确实，生活中最令我们感到遗憾的，是自己有能力实现却没能够实现的目标。可是，大自然的规律是一直向前发展，而时间是最听话、最不会违反规律的，如果我们感到遗憾和后悔，也只能在以后努力，不可能让时间返回到起点重新开始了。下面这个故事就是很好的例子。

隋璐从清华大学毕业后进了一家国企，这家国企规模很大，历史悠久，在全球也很有名，福利、待遇、薪水都不错；缺点是分工太细，流动性差，纪律太多。千篇一律的制服和单调的工作使她感觉到自己离原来的梦想越来越远。在上大学时，隋璐一直向往做一个有优越感的、工作独立的外企员工。所以，几年来她一直在为找这样的工作而努力，后来终于如愿以偿了。

隋璐在上海一家大型外资公司实现了这样的梦想，但是从踏进外企的第一天起，上司的刁难、同事的冷漠、工作的压力都让她心灰意冷，几次都委屈得落泪。加上工作路途远，无法正常上下班，总也不能适应环境，心情郁闷，使她感觉自己一下子老了很多。她每次想到原来的单位和同事，眼圈禁不住发红，上班成了地地道道的煎熬，好几次她都想不干了。

她曾经骂自己是笨蛋，断定自己当时一定是脑子坏了，要不怎么会离开原来的单位呢？但是她害怕再次失败，一直都不敢到另外的公司去面试，内心很是焦虑。

隋璐之所以如此烦恼，就在于她总纠结于自己当初的选择，总是拿当初的公司与现在的公司做对比，结果越比较，心理落差越大，遗憾、后悔的情绪越发严重，也就如此焦虑了。世间没有后悔药可买，事情过去就过去了，再怎么后悔，再怎么烦恼，也于事无补，甚至可能拖垮自己。所以，以她为鉴，遇到已经过去的事情时，不如跟自己这样说："哦，原来我在成功之前必须经历这样的挫折。那么，现在我已经经历了，接下来就应该是奔向成功了。"用积极的心态排除思想包袱，勇敢地去面对那些无法改变的事实，我们才能心无累赘地继续向前走下去。

俄国诗人普希金曾经说过："一切都是暂时，一切都会消逝，让失去的变为可爱。"要让失去的变为可爱，我们就不能把它们看作遗憾或无奈，而应看作必然的旅程，美丽的风景。

第 六 章
区分轻重，做事效率更高

"要会选择什么是宝藏"

> 要会选择什么是宝藏，它们不会遭受到天灾人祸，深埋在谁也不能
> 走近、除了我们谁也不会泄露的地方。
>
> ——摘自蒙田《随笔·论退隐》

提到宝藏，很多人立刻想到的可能都是数不清的金银珠宝。可是金银珠宝乃身外之物，我们即使拥有了，也很容易失去。而失去的东西就不再是我们的了。那么，真正属于我们的宝藏是什么呢？

蒙田把心灵的自由看作自己的真正宝藏。因为拥有了它，他就不会被束缚在世俗的追求上：拥有妻子、孩子、财产、随从、仆人、健康，他会感觉幸福；可是即使失去了这些，他依然能够活得坦然自在。没有人能够夺走他的这份从容自由，除非夺走了他的生命。

这里，我们对蒙田的这句话进行另一种阐述。在蒙田看来，真正的宝藏可以任由我们去接近和使用，别人轻易掠夺不了。回顾我们自身，除了心灵的自由，美好的品质和精神，比如尊重与信任的品质、自信与不屈的精神，也是这样一份只属于我们自己、别人抢不走的宝藏。

大三那年的暑假，张洁没有回家，留在了这个城市打工。在很多报纸上查看了招聘信息，挑选了几个电话打过去，其中一家手机销售部很爽快地通知他第二天到店里面谈。

第二天，张洁准时出现在手机店的门口，见到了老板。一个四十岁左右的男人，看上去很精明。老板询问了张洁的情况，同意他在这个店里打工一个半

月，工资完全走提成，销售额的15%，另外还有考勤奖，一天十块，如果有迟到、早退或者不在岗的情况就扣掉这十块。十天发一次工资。这些条件是张洁这个穷学生比较满意的，他欣然答应了。

中午休息的时候，老板把张洁叫到办公室。老板拿出一个蓝色笔记本，语重心长地对张洁说："现在要交给你一个重要的任务，帮我做一名监督员，要在这个笔记本上详细记录每个店员每一天的情况，比如迟到、早退或者不在岗的时间，记录要真实准确，每十天查看一次，如果完成任务，有奖金。"张洁很惊喜，老板把这样重要的任务交给他，一定是看他诚实可信，勤劳肯干，他很感激老板，似乎有了遇到伯乐的感觉。

第一次发工资的时候，张洁的销售额在店里是第二名，而且拿到了全部考勤奖，另外，他在蓝色笔记本上记录的内容，也得到了老板的赞赏，给他奖励了一百元。看着自己挣到的第一笔钱，张洁心中很是得意。但是，从这天之后，张洁感觉到店里其他销售员对他的态度有了变化，开始明里暗里躲着他，不怎么愿意跟他说话了，他主动去跟他们聊，得到的也只是应付的一两句。难道他们是妒忌自己吗？张洁坚信努力工作是没有错的，也就不多想了。

有天下班，下起了雨，张洁没有带雨具，想等雨停一下再走。这时同事小方拿着伞说："一起走吧。"他们一起到了线路车站牌下。车还没有来，他看出小方欲言又止，就问他："有事吗？"

小方没有说话，只是从随身的包里拿出一个蓝色笔记本，张洁吃了一惊："你怎么也有这个？"这时小方打开了他的笔记本，里面空白什么也没有。原来，店里的每一个员工都有这样的蓝色笔记本，而且老板对每一个人都说过同样的话。张洁顿时明白了一切，因为他的幼稚和单纯，让其他店员都扣了考勤奖，而他们，在笔记本上什么也没有记过。

张洁有一种如梦初醒的震撼。从那天起，他再也没有在那个蓝色笔记本上写一个字。又到了发工资的时间，老板看了看，问他怎么回事，他说："大家都在很努力的在工作，没有人迟到早退。"老板说："不对，7月28日小王迟到二分钟，7月30日，小方早退，还有你，7月31号擅离岗位十分钟……"原来他自己每天都在记录，他根本不相信任何人！张洁顿时有了一种被欺骗的感觉。

后面的一个月，在这个店里张洁的业绩平平，考勤奖有时候被扣了，监督记录的奖金再也没有拿到过，但是他心里是平衡的，因为在金钱面前，信任和尊重更重要。

一家公司要给予员工尊重和信任，才能激发他们的工作热情，创造公司的美好未来。一个人则要激发他的自信与不屈精神，才能实现人生的最大价值。

圣诞节前夕，街上熙熙攘攘的人群稀疏了许多。"感谢上帝，今天的生意真不错！"忙碌了一天的史密斯夫妇送走了最后一位来鞋店里购物的顾客后由衷地感叹道。透过通明的灯火，可以清晰地看到夫妻二人眉宇间那锁不住的激动与喜悦。

史密斯先生走向门口，准备去搬早晨卸下的门板。他突然在一个盛放着各式鞋子的玻璃橱前停了下来——透过玻璃，他发现了一双孩子的眼睛。

史密斯先生急忙走过去看个仔细：这是一个捡煤屑的穷小子，约莫八九岁光景，衣衫褴褛且很单薄，冻得通红的脚上穿着一双极不合适的大鞋子，满是煤灰的鞋子上早已"千疮百孔"。他看到史密斯先生走近了自己，目光便从橱子里做工精美的鞋子上移开，盯着这位鞋店老板，眼睛里饱含着一种莫名的希冀。

史密斯先生俯下身来和蔼地搭讪道："圣诞快乐，我亲爱的孩子，请问我能帮你什么忙吗？"

男孩并不作声，眼睛又开始转向橱子里擦拭锃亮的鞋子，好半天才应道："我在乞求上帝赐给我一双合适的鞋子。先生，您能帮我把这个愿望转告给他吗？我会感谢您的！"

正在收拾东西的史密斯夫人这时也走了过来。她先是把这个孩子上下打量了一番，然后把丈夫拉到一边说："这孩子蛮可怜的，还是答应他的要求吧？"史密斯先生却摇了摇头，不以为然地说："不，他需要的不是一双鞋子。亲爱的，请你把橱子里最好的棉袜拿来一双，然后再端来一盆温水，好吗？"史密斯夫人满脸疑惑地走开了。

史密斯先生很快回到孩子身边，告诉男孩说："恭喜你，孩子，我已经把你的想法告诉了上帝，马上就会有答案了。"孩子的脸上这时开始漾起兴奋的笑窝。

水端来了，史密斯先生搬了张小凳子示意孩子坐下，然后脱去男孩脚上那双布满尘垢的鞋子。他把男孩冻得发紫的双脚放进温水里，揉搓着，并语重心长地说："孩子呀，真对不起，你要一双鞋子的要求，上帝没有答应你。他讲，不能给你一双鞋子，而应当给你一双袜子。"男孩脸上的笑容突然僵住了，失望的眼神充满不解。

史密斯先生急忙补充说："别急，孩子，你听我把话说明白。我们每个人都会对心中的上帝有所乞求，但是，他不可能给予我们现成的好事。就像在我们生命的果园里，每个人都追求果实累累，但是上帝只能给我们一粒种子，只有把这粒种子播进土壤里，精心去呵护，它才能开出美丽的花朵，到了秋天才能收获丰硕的果实。也就像每个人都追求宝藏，但是上帝只能给我们一把铁锹或一张藏宝图，要想获得真正的宝藏还需要我们亲自去挖掘。关键是自己要坚信自己能办到。自信了，前途才会一片光明啊！就拿我来说吧，我在小时候也曾企求上帝赐予我一家鞋店，可上帝只给了我一套做鞋的工具，但我始终相信拿着这套工具并好好利用它，就能获得一切。20多年过去了，我做过擦鞋童、学徒、修鞋匠、皮鞋设计师……现在，我不仅拥有了这条大街上最豪华的鞋店，而且拥有了一个美丽的妻子和幸福的家庭。孩子，你也是一样，只要你拿着这双袜子去寻找你梦想的鞋子，义无反顾，永不放弃，那么，肯定有一天，你也会成功的。另外，上帝还让我特别叮嘱你：他给你的东西比任何人都丰厚，只要你不怕失败，不怕付出！"

脚洗好了，男孩若有所悟地从史密斯夫妇手中接过"上帝"赐予他的袜子，像是接住了一份使命，迈出了店门。他向前走了几步，又回头望了望这家鞋店，史密斯夫妇正向他挥手："记住上帝的话，孩子！你会成功的，我们等着你的好消息！"男孩一边点着头，一边迈着轻快的步子消失在夜的深处。

一晃30多年过去了，又是一个圣诞节，年逾古稀的史密斯夫妇早晨一开门，就收到了一封陌生人的来信，信中写道：

尊敬的先生和夫人：

您还记得30多年前那个圣诞节前夜，那个捡煤屑的小伙子吗？他当时乞求上帝赐予他一双鞋子，但是上帝没有给他鞋子，而是别有用心地送了他一番比黄金还贵重的话和一双袜子。正是这样一双袜子激活了他生命的自信与不屈！这样的帮助比任何同情的施舍都重要，给人一双袜子，让他自己去寻找梦想的鞋子，这是你们的伟大智慧。衷心地感谢你们，善良而智慧的先生和夫人，他拿着你们给的袜子已经找到了对他而言最宝贵的鞋子——他当上了美国的第一位共和党总统。

我就是那个穷小子。

信末的署名是：亚伯拉罕·林肯！

俗话说，"授人以鱼不如授人以渔"，我们在接受别人的帮助的时候，也应该是"受人之鱼不如受人之渔"。林肯从史密斯先生那里学到了成功之"渔"，拥有了自信与不屈的精神，加上不懈的努力，才最终收获了总统职位这条"大鱼"。

与其猜测，不如行动

> 既然教育孩子如此之难，我认为应该引导他们做最好最有益的事，不要过分致力于猜测和预料他们的发展。
>
> ——摘自蒙田《随笔·论对孩子的教育》

蒙田在这里说的，是父母对孩子的培养过程中容易出现的问题。有的父母习惯根据自己的判断，来决定孩子将来的发展，例如他们看到孩子曾经表现出喜欢画画，就想尽办法培养他将来成为一个画家，然而事实上那个孩子可能更加喜欢音乐。蒙田总结说，"强迫天性是很难的。由于选错了道路，训练孩子去做今后无法让他们立足的事，往往多年心血白费"。在蒙田看来，与其预测他们的发展，不如引导他们做些有益的事情。

蒙田是站在大人应该怎么去教导小孩的角度来讲的，但这并不妨碍我们从中有所领悟。我们很多人也会像大人对小孩一样，对自己的未来有过各种设想和美好的愿景，然而有时候，我们并没有得到理想的结果，因为我们忘了付诸行动。再伟大的理想都要从现实做起，脚踏实地才能把控未来，不然只能成为空想。

有一位名叫特蕾西的美国女孩，她的父亲是芝加哥有名的牙科医生，母亲在一家声誉很高的大学担任教授。她的家庭对她有很大的帮助和支持，她完全有机会实现自己的理想。她从念中学的时候起，就一直梦寐以求地想当电视节目主持人。她觉得自己具有这方面的天赋，因为每当她和别人相处时，即使是生人也都愿意亲近她并和她长谈。她知道怎样从人家嘴里"掏出心里话"，她的朋友称她是"亲密的随身精神医生"。她自己常说："只要有人愿给我一次上电视主持的机会，我相信自己一定能成功。"

但是，她为达到这个理想做了些什么呢？其实什么也没有！她在等待奇迹出现，希望一下子就当上电视节目的主持人。

特蕾西不切实际地期待着，结果什么奇迹也没有出现。

谁也不会请一个毫无经验的人去担任电视节目主持人，而且节目主管也没有兴趣跑到外面去搜寻"天才"，都是别人去找他们。

另一个名叫露丝的女孩却实现了特蕾西的理想，成了著名的电视节目主持人。露丝之所以会成功，就是因为她知道"天下没有免费的午餐"，一切成功都要靠自己的努力去争取。她不像特蕾西那样有可靠的经济来源，所以没有白白地等待机会出现。她白天去做工，晚上在大学的舞台艺术系上夜校。毕业之后，她开始谋职，跑遍了芝加哥每一个广播电台和电视台。但是，每个地方的经理对她的答复都差不多："不是已经有几年经验的人，我们是一般不会雇用的。"

但是，她不愿意退缩，也没有等待机会，而是继续走出去寻找机会。她一连几个月仔细阅读广播电视方面的杂志，最后终于看到一则招聘广告：北达科他州有一家很小的电视台招聘一名预报天气的女孩子。

露丝是阿肯色州人，不喜欢北方。但是即使工作只是预报有没有阳光，是不是下雨都没有关系，她希望找到一份和电视有关的职业，干什么都行！她抓住这个工作机会，动身到了北达科他州。

露丝在那里工作了两年，最后又在洛杉矶的电视台找到了一个工作。又过了五年，她终于成为自己梦想已久的节目主持人。

特蕾西既有当电视节目主持人的兴趣和天赋，又有家庭的帮助和支持，但她却始终没能如愿，因为她停留在等待与幻想中，却没有为这个目标去做任何努力。露丝却不一样，她虽然各方面条件都比不上特蕾西，却因为切切实实地努力了，所以梦想最终得以实现。

有一部外国电影，其中有一个情节，女孩的妈妈跟她说：你到异地开始生活的第一个夜晚做的梦，会变成真的。后来女孩把那个荒唐的梦记了下来，没想到一年里都变成了现实。事实上，女孩的梦之所以都能实现，不是因为梦境的预测，而是因为她所采取的行动和所付出的努力。

当我们有了梦想后，最好最有益的事情，就是踏踏实实地去为梦想努力，而不是坐等机遇的降临。我们梦想的人生不是靠脑子想象一下、嘴巴描述一下，就能化为真实的。即使是预言家的猜测和预料，如果没有配合我们的努力，那都将是一篇谎言。不管自身的条件是优越还是困窘，如果我们不只是口上说说，而是行动上努力跟上，我们的前途才有可能像曾经预料的那样，如愿以偿。

力不可使尽，才不可露尽

要教会孩子只有在棋逢对手时才发表议论或进行争论，即便如此，也不要把所有的招数都展示出来，而只消使用对他最有利的。

——摘自蒙田《随笔·论对孩子的教育》

古人云：力不可使尽。略懂拳击的人都知道，无论拳击手打出的一拳多么用力，他也不会前冲得以至于丧失重心，一旦失去重心，很容易就会被对手抓住破绽打倒。同样的道理，才也不可露尽。蒙田认为，一个人的才能和才干，只有在必要的时候才能展露，而且展露的时候，也要有所保留，不可尽露，"只消使用对他最有利的"。

有句话说得好："出头的椽子先烂。"出头椽子，总是比不出头的椽子要承受更多的风吹雨打，日复一日，年复一年，自然也比别的椽子要腐烂得早。同样的道理也适用于我们的生活，那些喜欢高调地炫耀自己的才干的人，往往更容易遭到别人的嫉妒，要承受更多的舆论压力。三国时期的杨修就是一个例子。

杨修是三国时期曹操手下的一位谋臣，他才华出众，在揣摩、分析、判断、预见自己的主子曹操的心理活动方面，相当准确、迅速、敏捷，并具有一定的前瞻性。

有一次，曹操令人建一座花园。快竣工了，监造花园的官员请曹操来验收察看。曹操看后，是好是坏是褒是贬一句话也没有说，只是拿起笔来，在花园大门上写个"活"字，便扬长而去。工匠们不懂什么意思，便向杨修请教。杨修笑道："丞相是嫌门太阔了！"原来"门"中加个"活"字是"阔"。曹操知道后，表面上称赞杨修的聪明，内心却已开始忌讳杨修了。

曹操常怕人暗中加害他，就对人说："我梦中好杀人，因此大凡我睡着了，你们不要靠拢来。"一天午睡时，他的被子掉落在地，侍从慌忙拾起给他盖上。当时曹操并未睡着，拿起剑，一剑就把侍从给杀了，接着又睡。半天后起来，假装问："是谁杀了他？"众人都说："是您在睡梦中杀的。"曹操痛哭，令人好好抚恤那个侍从的家人。曹操这次装模作样的表演自然又没有逃过杨修的眼睛。杨修了解曹操的意图，就对别人说："丞相非在梦中，你才是在梦中啊！"曹操知道后，更加厌恶杨修。

杨修最后一次表露聪明是在曹操自封为魏王之后，亲自率领大军进攻汉中，被诸葛亮连败几次，进退不能。正当犹豫不定的时候，厨子呈进鸡汤，曹操看见碗中有鸡肋，因而有感于怀。就在此时，夏侯惇入帐请示夜间口号。曹操随口说道："鸡肋！鸡肋！"夏侯惇传令众官，都称"鸡肋"。杨修见传"鸡肋"二字，便命令左右收拾行装准备回去，左右问他原因，杨修说："鸡肋上没有多少肉，吃起来无味，丢掉了可惜。魏王现在进不能取胜，退又怕人笑话，在此没有好处，不如早归，我猜魏王要退兵了。所以先收拾行装免得临行慌乱。"夏侯惇知道后，也命令军士收拾行装。于是寨中各位将领，无不准备归计。当夜曹操心乱，不能入睡，就手按宝剑，绕着军寨独自行走。见寨内军士准备行装，大惊，斥问道："我没有下达撤军的命令，谁竟敢如此大胆，作撤军的准备？"夏侯惇说："杨修已经知道大王想归回的意思。"曹操心意再次被杨修猜中，这次他大怒道："你怎敢造谣乱我军心！"说罢不由分说，命人将杨修推出去斩了。

一个人有才不是错，但是不能适当地表现自己的才能，恃才傲物，就是错了。所谓"花要半开，酒要半醉"，凡是鲜花盛开娇艳的时候，不是立即被人采摘而去，就是衰败的开始。人生也是这样。当你志得意满时，且不可趾高气扬，目空一切，不可一世，这样你不被别人当靶子打才怪呢！当然，这并不是说，才干一定都要隐藏下去，在适当的时机、合适的场合显露一下既有必要，也属应当。况钟就是这样的人。

明宣宗时期，苏州府知府有缺，后经过大臣推选和皇上考察，最终选定了况钟。苏州府是全国最难治的一个地方。这里豪强污吏相互勾结利用，百姓赋税繁重，生活困苦，一批一批地出逃外地。

况钟一到任上，就"难得糊涂"起来。开初，府里的小吏们抱着公文，围着况钟，请他批示。这些油嘴滑舌的小吏们也知道"知彼知己者，百战不殆"的道理，他们想借机看看况钟如何处理政务，察言观色，了解况钟的性情，见机行事。况钟假装不懂政务，瞻前顾后地问小吏。如果小吏说可行，他就批准；如果小吏说不可行，他就不批准，一切都按小吏的意图办事。小吏们非常高兴，私下里以为这位新来的知府很好糊弄过去。殊不知就在他们骂况钟是笨蛋的时候，况钟也在暗地里细心地观察着他们，哪些小吏执政公正，哪些小吏庸碌无能，哪些小吏贪赃枉法，他都一一看在眼里，记在心里。

就这样，小吏们为所欲为了一段时间，他们眼中什么都不懂的新知府突然一反常态，召集部属责骂道："某件事应该做，某某不让我做；某件事不应该做，某某强行我做！你们有些人长期以来玩弄这种手段，罪当死！"说完，当堂拿出他收集到的证据。在确凿的证据面前，小吏们俯首认罪。况钟将作恶多端的贪官污吏逐一法办，当场就处决了其中6个罪大恶极的奸吏。随后又顺藤摸瓜，一举罢免了12名县级贪官庸吏的官职。苏州府从此大治。

古语说：真人不露相，露相非真人。适当低调，适当含蓄，给别人留有足够的神秘感，是保存自己实力的重要手段。如果把才华尽显，就让他人摸清了我们的分量，抓住了我们的软肋，从而轻易就将我们打倒在地。若能把才华隐藏起来，让人觉得看不清你的实力，别人也就不会轻举妄动。试想，若况钟一上任就依法办事，小吏们必定投其所好，掩饰、伪装自己的恶性。所以，聪明的人应该懂得，有才华但不事事、时时表露出来，不该表露的时候"难得糊涂"，而该表露的时候也绝不含糊。

不露锋芒，可能永远得不到重任；锋芒太露却又易招人陷害。虽容易取得暂时成功，却为自己掘好了坟墓。当你施展自己的才华时，也就埋下了危机的种子。所以才华显露要适可而止，这是为人处世的秘密"心机"所在。

耐看不耐用，不如没有

世上自有一些技巧，实属穷极无聊，有时还以此求人赏识……凡事由于稀罕、新鲜，或者艰难就去推荐它，而不问其有无益处与用处，这说明我们对事物的看法有缺陷。

——摘自蒙田《随笔·论华而不实的技巧》

看过电影《非诚勿扰》的人可能还记得一个叫"分歧终端机"的东西。没错，它就是主人公秦奋的发明，风险投资商范先生以200万英镑的高价将它买走。不过在影片结尾处，我们看到，范先生一直没有把这个"无聊的发明"推销出去，因为它实在是无用，脑子稍微清醒一点儿的人，都不会傻得去买它。

对于这些无用的东西，蒙田是持反对态度的。他甚至认为，诗人写诗时，通篇的诗句都用同一个字母开头，也是一件极其无用的事。像我国也有回文诗，使用了词序回环往复的修辞方法来创作，对诗人的文字功底要求很高。但它除了能卖弄诗人的文才之外，并没有十分重大的艺术价值，属于较"无用"的技巧，所以并没有得到推广。

确实，脱离了实际的东西，对我们的生活没有多少益处，即使外表包装得多好，介绍说明吹嘘得多么厉害，也不会有人欣赏和需要。但就像范先生花几百万去买分歧终端机那样，生活中还是有些人会糊里糊涂地去买一些无用的东西，学一些无用的技巧。

有一个年轻人，生性好奇，又很爱面子。只要碰到什么稀奇的绝招，或是听到有人掌握了一门奇特的技能，他都想去学上一招半式，以便回来可以在大伙面前露两手。

有一天，他听说有个奇人会杀龙，感到特别惊讶，打心眼里佩服这个人。"杀龙可是一门大学问啊，要是我能学上个一招两招的，说不准大家也会对我刮目相看啊！"他暗暗下定决心，一定要将这门手艺学会。

后来，他四处打听，到处寻找这位能人。功夫不负有心人，经过大半年的寻找，他终于在一座深山里寻到了传说中的奇人。

经过漫长的3年，年轻人勤学苦练，把那些擒拿的动作操练了一遍又一遍，已经到了手到擒来的地步。他觉得自己已经学成了这门绝世的武艺，是回乡的时候了，于是，他拜别了师傅，下山去了。

回乡后，乡亲们问他学到了什么技能，他就连讲带比画，表演给大家看——怎样按住龙头，怎样骑上龙身，怎样把刀插入龙颈。他把自己一直反复操练的动作演示给大家看，心里非常得意。

正当他说得兴高采烈、表演得尽兴的时候，一位老人突然问他："小伙子，你上哪儿去杀龙呢？"

"啊？"他像被迎头浇了一盆冷水，这才醒悟过来：世界上没有龙，自己白白浪费了3年光阴，学的这一身绝技却毫无用处啊！

年轻人花了3年时间辛苦学来了屠龙技，却因为世上没有龙而"无用武之地"。可见好学是好事，但如果没有选择，盲目地去学习那些无用的知识和技巧，就会白白地浪费我们的时间和精力。

无论是知识还是技巧，虚有其表都是不可取的，我们应该看它能否在实际生活中发挥作用。像战国著名思想家惠施所举的大樗树的例子，它因为主干臃肿，小枝多卷曲，不成材，木匠师傅对它连看都不看一眼，被斥为"大而无用"。而相反的，有些东西虽然看上去其貌不扬，但胜在实用，反倒是我们应该推崇的。比如一个破到不能装水的盆，却还能装上泥土，用以种植牡丹、百合等名贵花种，它的价值就依然存在，并不因为外观不美丽了而消失。

　　需要注意的是，有用和无用并不是绝对的。《庄子》中有这样一个故事：

　　有一次，庄子的朋友惠子遇到了难题，向庄子请教："魏王送我一种大葫芦种子，结出的葫芦有五石的容量，但我却不知道它能用来干什么。用它来盛水，却又不够坚硬，水会渗漏出来；把它锯开来做瓢，却又没有那么大的水缸可以容纳。它虽然足够大，但却完全没有什么用，因此我就把它砸碎了。"

　　庄子向惠子讲了一个故事："以前的宋国，有一善于调制不龟手药物的人家，世世代代以漂洗丝絮为职业。有个云游四方的商人听说了这件事，愿意用百金的高价收买他的药方。全家人聚集在一起商量：'我们世世代代在河水里漂洗丝絮，所得不过数金，如今一下子就可卖得百金，还是把药方卖给他吧。'这个商人得到药方，来到了吴国，去游说吴王与越国开战。吴王派他统率部队，冬天跟越军在水上交战，时值冬季，天气寒冷，商人依仗能使手不生疮的药方，使吴国军队的战斗力大大提高，打败了手脚生疮的越国士兵，吴王因此划割了一块土地封赏商人。同样的一个药方，有的人用它来获得封赏，有的人却只能靠它在水中漂洗丝絮，这是使用的方法不同。如今你有五石容积的大葫芦，却发愁没有地方使用，为什么不考虑用它来制成腰舟，而浮游于江湖之上，却担忧葫芦太大无处可容？"

　　有些知识也许在这种情况下用不了，可是换一个情况却能发挥巨大作用；在眼前看似无用，可是到了将来某个时候，却有可能成为我们非常需要的东西。俗话说，书到用时方恨少。有些人总是抱怨学校里学习的科学知识无用，像"屠龙技"那样在生活中无法派上用场，可是等到真正需要用上它们的时候，才后悔当初没有好好学习。就像木炭在猎猎寒冬才被我们需要，扇子在炎炎夏日才会被我们想起那样，判断某项知识或技巧是否实用，不能只看眼前，而应该像对待木炭和扇子那样，用长远的目光去打量。

没有方向，哪里也去不了

> 思想没有明确的目标就会迷失方向。正如有人说的，无处不在就等于无处所在。
>
> ——摘自蒙田《随笔·论无所事事》

哈佛大学有一个非常著名的关于目标对人生影响的跟踪调查。调查的对象是一群智力、学历、环境等条件差不多的年轻人。调查结果发现：27%的人没有目标；60%的人目标模糊；10%的人有清晰但比较短期的目标；3%的人有清晰且长期的目标。

25年的跟踪研究结果显示，他们的状况及分布现象十分有意思。

那些占3%的有清晰且长期目标的人，在25年来从来不曾动摇过自己的人生目标，并朝着同一个方向努力，几乎都成为社会各界的顶尖成功人士。他们中不乏白手创业者、行业领袖、社会精英。

那些占10%的有短期目标的人，大都生活在社会的中上层。他们的那些短期目标不断实现，生活状态稳步上升，成为各行各业的不可缺少的专业人士，如医生、律师、工程师、高级主管等等。

而那些占60%的模糊目标者，几乎都在社会的中下层面，他们能安稳地工作，但都没有什么特别的成绩。

剩下27%的是那些25年来都没有确定目标的人，他们几乎都生活在社会的最底层，生活不如意，常常失业，靠社会救济，且常常抱怨他人、抱怨社会。

我们看到，在这个案例中，这群各方面条件都差不多的年轻人，有27%的人沦落到需要靠社会救济，其原因就在于他们对人生没有目标。对人生没有目标的人，他们的努力是没有方向的，就好像随意在荒野上找一棵植物来栽培，忙碌到最后才发现那是一棵野草，不会结果，不能带来任何价值。正如谚语所说，"如果你不知道你要到哪儿去，那通常你哪儿也去不了"，"对于没有方向的船，什么风都不是顺风"，我们的人生如果没有目标，我们的努力用在任何地方就都是错的，都不可能收获称心如意的果实。

所以，人生一定要有目标。有了明确的方向，我们的人生之舟才能乘风破浪地驶向终点，我们的生命之树才能沐雨经风，最终收获果实。

达尔文的父亲是一位著名的医生，他希望自己的儿子能继承自己的事业，也当一名医生，可是达尔文无心学医，进入医科大学后，他成天去收集动植物标本。父亲对他无可奈何，又把他送进神学院，希望他将来当一名牧师。然而，达尔文的兴趣也不在牧师上，达尔文有他自己的理想，他9岁的时候就对父亲说："我想世界上肯定还有许多未被人们发现的奥秘，我将来要周游世界，进行实地考察。"为此，达尔文一直在积极准备。为了有利于自己观察和收集动植物标本，达尔文抛弃了清闲的事务。经过五年的环游旅行，达尔文在动植物和地质等方面进行了大量的观察和采集，回国后又做了近20年的实验，终于在1859年出版了震动当时学术界的《物种起源》一书。它以全新的进化思想推翻了神创论和物种不变论，把生物学建立在科学的基础上，提出震惊世界的论断：生命只有一个祖先，生物是从简单到复杂、从低级到高级逐渐发展而来的。

达尔文正是因为从小就为自己树立了坚定的目标，所以他没有把时间和精力浪费在错误的地方，在做足了准备之后，他毅然放弃了清闲的工作，踏上艰苦的环游旅行。通过多年坚持不懈的努力，达尔文实现了自己的梦想，并且取得了伟大的成就。

有时候，我们可能为自己的人生设立了许多目标，希望每一个都能达到。

如果这些目标是循序渐进的，那么我们自然能一步一步来。可是如果这些目标是并行的，实现了这个就必须放弃那个，那么我们就要果断地做出选择。

有一个农夫，既有房子也有地，生活十分富裕。有一次，他花钱雇了一条狗，帮他防止流浪的乞儿闯进院子，还要帮他烘烤面包，天天给他浇灌和收拾菜园。

那狗儿因为好不容易谋得了职业，所以表决心一定会尽力把工作干好。

农夫很满意地去赶集了。可是等他傍晚回家一看，菜园没有收拾，面包也没有烘烤，而更叫他恼火的是，小偷爬进了院子，把仓房偷了个精光。

农夫"哇啦哇啦"地痛骂那狗儿。对于每一桩过失，那狗儿都有一番辩解：为了收拾白菜的苗床，它把烤面包的事放下了；收拾菜园吧，可是又到了看守院子的时候了；至于错过小偷的那一刻，正好赶上它想去烤面包。

就像这条狗不能同时完成这么多工作一样，我们每个人也很难在同一时间实现多个目标。剑桥大学罗伯特·史蒂文森教授指出：只要把你选择的这一个干好、经营好，就是最大的收获。当你什么都想选择时，结果往往是什么也得不到。这就像练习射箭，当我们手里只有一张弓和一支箭时，选择多个箭靶就等于没有选择箭靶，因为我们不可能将一支箭同时射向好几个箭靶。

每个人的人生都需要有目标，才能拥有航向。在一个时间里，也必须只有一个目标，才能给人生之舟一个正确的前进方向。

完成小目标，才能实现大梦想

> 没有人可以对自己的一生绘出蓝图，就让我们确定分阶段的目标。
>
> ——摘自蒙田《随笔·论人的行为变化无常》

有时过大或者长期目标会让人招架不住，几周过后，我们就容易丧失动力，因为达成目标总还需几个月、一年，或者更多时间，为一个单独的目标保持长久的热情是很难的。蒙田认为，在实现长远目标的时候，我们应该"确定分阶段的目标"，就是将一个大目标，分解成无数个小目标，逐步完成，最终实现大目标。

世界著名撑竿跳高名将布勃卡有个绰号叫"1厘米王"，因为只要在一些重大的国际比赛中，他几乎每次都能刷新自己保持的记录，而且总是将成绩提高1厘米。当他成功地跃过6.25米时，他不无感慨地说："如果我当初就把训练目标定在6.25米，没准儿会被这个目标吓倒，并且根本达不到今天的成绩"。

的确，在实现梦想的进程中，缩小梦想，并且让梦想脚踏实地，或许真会有奇迹发生，生活中许多人在实现梦想的路上，之所以半途而废，原因是梦想太大，太遥远，总让人感觉到不可企及。如果我们也把梦想缩小到"1厘米"，也许会少了许多懊悔和感叹，从而多了成功的奇迹。

普雷斯25岁的时候再次面临失业的打击，以前曾经在君士坦丁堡、在巴黎、在罗马受穷挨饿，而如今在纽约这个充溢着富贵气息的城市，让他更感觉失业的痛苦。

普雷斯不知道该怎么办，因为他觉得自己的工作能力十分有限，他能胜任的工作不多。他虽然会写点东西，但却不会用英文写。他整天徘徊在马路上，目的不是为了强身健体而是躲避房东，因为他已经没有多余的钱来缴房租了。

一天，普雷斯与往常一样在大街上闲逛，忽然他在42号街遇到一位金发碧眼的男子，他一眼就认出那是俄国的著名歌唱家夏里宾先生。普雷斯还清楚地记得，自己小时候常常为了观看他的演出而在莫斯科帝国剧院的门口排长队买门票。那时要想买到一张他的演出门票是一件多么不容易的事。后来普雷斯在巴黎当新闻记者，也去采访过他，普雷斯以为依他现在的身份地位是不会认识自己的，然而出乎他意料的是，夏里宾却能清晰地喊出他的名字。

"还好吧？普雷斯先生。"他问。普雷斯敷衍性地回答了他的问话。普雷斯想："我的境遇你应该一眼就明白的。"

夏里宾接着说："我住在第103号街的宾馆，就在百老汇路转角，一起走过去并到我那里坐坐怎么样，普雷斯先生？"

走过去？普雷斯一听就傻了眼，当时正是中午，普雷斯已经在路上闲逛了5小时，现在又要他走那么长的路，岂不是难为他嘛。

普雷斯说："夏里宾先生，从这里走到你的居所还要走60条横马路口，是不是有点远啊？"

"谁说的？"夏里宾轻松地说，"只不过就10条马路口而已。"

"10条？"普雷斯诧异地看着夏里宾。

夏里宾坚定地说："是的，只有10个路口，但我不是说到我的旅馆，而是到第52号街的一家射击游艺场。"

普雷斯听到他的回答有些不解，由于盛情难却只好跟着他走。

一会儿，就到了夏里宾所说的射击游艺场，然后夏里宾又制定了下一个目标，他说："现在，只有10条横马路了。"普雷斯仍然不解，还是继续跟着他走。

很快，又到了卡纳奇大戏院。这时，夏里宾就带着普雷斯去观看了周围的景物。几分钟之后，他们再次制定10个路口的目标，每到达一个目标就在当地欣赏一下周围的景观，就这样他们很轻松地就走完了60个马路口。到了夏里宾的旅馆时，他满意地笑着说："怎么样年轻人，这段距离并不太远吧？现在让我们来吃午饭。"用餐之前，夏里宾将自己的用意解释给普雷斯听。他说："我希望你能把今天的走路时常记在心里。因为，这是生活的一个经验：当你与你制定的目标之间，间隔一段十分遥远的距离时，不要担心。只要你把精神集中在10条横街口的短短距离，别因遥远的未来而烦恼，奔向目标的路程就不会遥远。常常注意未来24小时会使你发现不少的乐趣，就这样坚持不懈地走下去终有一天会成功。"

适时缩小我们的目标，减轻我们的负担，都有可能为我们疲惫的心灵注入永久的激情与活力，更有利于稳扎稳打。

老子在《道德经》里说："合抱之木，生于毫末；九层之台，起于累土；千里之行，始于足下。"这也告诉我们：只要脚踏实地，每天进步一点点，便会有达到成功的一天。下面的故事就见证了化整为零的力量。

纽约的一家公司被一家法国公司兼并了，在兼并合同签订的当天，公司新的总裁就宣布："我们不会随意裁员，但如果你的法语太差，导致无法和其他员工交流，那么，我们不得不请你离开。这个周末我们将进行一次法语考试，只有考试及格的人才能继续在这里工作。"散会后，几乎所有人都拥向了图书馆，他们这时才意识到要赶快补习法语了。只有一位员工像平常一样直接回家了，同事们都认为他已经准备放弃这份工作了。令所有人都想不到的是，当考试结果出来后，这个在大家眼中肯定是没有希望的人却考了最高分。

原来，这位员工在大学刚毕业来到这家公司之后，就已经认识到自己身上有许多不足，从那时起，他就有意识地开始了自身能力的储备工作。虽然工作很繁忙，但他却每天坚持提高自己。作为一个销售部的普通员工，他看到公司的法国客户有很多，但自己不会法语，每次与客户的往来邮件与合同文本都要公司的翻译帮忙，有时翻译不在或兼顾不上的时候，自己的工作就要被迫停顿。因此，他早早就开始自学法语了；同时，为了在和客户沟通时能把公司产品的技术特点介绍得更详细，他还向技术部和产品开发部的同事们学习相关的技术知识。

这些准备都是需要时间的，他是如何解决学习与工作之间的矛盾呢？就像他自己所说的一样："只要每天记住10个法语单词，一年下来我就会3600多个单词了。同样，我只要每天学会一个技术方面的小问题，用不了多长时间，我就能掌握大量的技术了。"

美国著名作家赛瓦里德说："当我准备写一本25万字的书时，我从不让自己过多地考虑整个写作计划涉及的繁重劳动和巨大牺牲。我想不是下一页，更不是下一章如何去写，我想的只是下一段。整整6个月，我除了一段一段地开始外，我没尝试过其他方法。就这样，书自然而然就写成了。"让我们一步登天做不到，但是一步一个脚印能做到；让我们一下子成为圣贤之人不可能，但要求自己每天进步一点点有可能，持之以恒地努力一定会有所回报。要达到目标，就要像上楼梯一样，一步一个台阶，把大目标分解为多个易于达到的小目标，脚踏实地向前迈进。每前进一步，达到一个小目标，就会体验到"成功的喜悦"，这种"感觉"将推动他充分调动自己的潜能去达到下一个目标。

见小利则大事不成

> 不论是将军，还是每个士兵，他们的目的和目标是获得全局的胜
> 利，零星的战果不论有多大的好处，都不应该叫他们偏离这一点。
>
> ——摘自蒙田《随笔·论德勒战役》

要确立一个适合自己，并且具有指导意义，值得为之长期奋斗的远大目标，是不容易的。而更加不容易的是在实现这个目标之前，我们能够始终如一地坚持这个方向，不为任何原因而偏离它。

蒙田说，不论是将军还是士兵，都不应该为了零星战果带来的好处，而偏离取得全局胜利这个终极目标。我们在为目标奋斗的时候也应该如此，不能为了眼前的好处而放弃自己真正想要达到的结果，否则定然抱憾终身。

18世纪末，澳大利亚这块"新大陆"被发现。消息很快被探险家们带回欧洲。1802年，英国和法国各派出一支船队驶向"新大陆"，都想占领这块宝地。英国方面由弗林斯达船长带队，法国方面则由阿梅兰船长领军，两位船长都是长期叱咤海上、经验丰富的航海家。双方都知道对方也派出了占领船队，因此都不甘示弱，拼抢非常激烈。

当时法国方面的船只技术较为先进，阿梅兰船长率领的三桅快船捷足先登，第一个到达了今天澳大利亚的维多利亚港，并将它命名为"拿破仑领地"。正在他们准备插旗扎寨之时，突然发现了当地特有的一种珍奇蝴蝶，于是兴高采烈的法国人全体出动，一齐去抓这种蝴蝶。

巧合的是，就在法国人深入大陆腹地猛追蝴蝶的同时，英国人也来到了这

里。当法国船队映入他们眼帘时，船员们都以为法国人已经占领了此地，心情无缘沮丧。弗林斯达船长命令部属登岸，准备有风度地向法国人祝贺。谁知到了岸上一看，既看不到法国人的影踪，也看不到任何占领标志。于是，英国人立即紧急行动起来，把大英帝国的各种标识插得遍地都是。

当法国人带着漂亮的蝴蝶标本回来时，吃惊地发现，他们的"拿破仑领地"已经不复存在了，英国人正严阵以待，俨然以胜利者的姿态向他们介绍"维多利亚"的领地归属。

为一只蝴蝶失去了一个大陆。澳大利亚就这样在一天之内完成了由法属殖民地向英联邦体系的过渡。留给浪漫的法国人的，只是一些可怜的蝴蝶标本和无尽的沮丧。

法国人的失败，在于明明到达了目的地，却把自己的主要目标——占领大陆的任务，让位于相对而言微不足道的目标——捕捉珍奇的蝴蝶。于是，本已是到手的胜利瞬间易主。

鉴于这个故事，我们应该明白，要获得最终的成功，终极目标是绝对不可以中途偏离的。为一些小利而偏移了努力的方向，那样我们会得不偿失。孔子说："见小利则大事不成。"在目标没有实现之前，拒绝任何利益的诱惑是我们应该做到的。

马援是汉代一位著名的将领。他幼年父母双亡，由其兄马况抚养成人。他从小胸怀大志，眼光高远，深为其兄器重。王莽时期，马援在军队里当个小军官。一次上司派他率队押送一些犯人，在途中，马援看到犯人们哭得挺伤心，不由动了恻隐之心，便把犯人们都放了。私放犯人是大罪，马援只得逃亡到北方的边境，以躲避朝廷的追捕。

这种逃亡的日子没过多久，碰巧赶上朝廷大赦，马援也得以免罪。之后，他就在北方经营畜牧业和农业。他心胸宽广，乐于助人，为人忠厚而有远见，没几年时间，来归附他的人竟有好几百。他常对身边的人们说："做人不能因为贫穷潦倒而丧失志气，不能因为年纪老迈而颓唐，丈夫为志，穷当益坚，老当益壮。"

几年后，马援有了几千头牛、羊和马匹，几万斛粮食，家产多得花不完、用不尽，但他不为物累，仍旧和从前一样，过着简朴的生活。他曾感慨地对人说："财产之所以可贵，在于能够帮助人；要不然，做个守财奴有什么意思呢？"

虽然远离军队，但是马援从小树立的雄心壮志却从来没有改变过。他一直在寻找施展自己能力的机会。

后来，怀着高远志向的马援把财产分给了他的本家和亲友，自己空身外出投军谋事，后归附了汉光武帝刘秀，为东汉王朝的建立立下了汗马功劳。

从一般人的角度来看，诱惑马援放弃最初志向的"利益"已经不是小利了，但他不为所动，因为他的内心对自己有明确的目标。在马援看来，建立功勋，报国济民，才是人生意义之所在，与实现这个志向所能体现的人生价值相比，再多的财富都是不值得挂念的。

人生过程中能够使我们偏离目标的因素，除了利益的诱惑，还有困难的阻碍。生活中许多人像沙子一样沉默平淡，就是因为他们在困难面前选择了放弃理想。那些成就不凡事业的人，是不管处境多么艰难都对理想矢志不渝的人。

有一个叫布罗迪的英国教师，在整理阁楼上的旧物时，发现了一沓作文本。作文本上是一个幼儿园的31位孩子在50年前写的作文，题目叫《未来我是……》。

布罗迪随手翻了几本，很快便被孩子们千奇百怪的自我设计迷住了。比如，有个叫彼得的小家伙说自己是未来的海军大臣，因为有一次他在海里游泳，喝了三升海水而没被淹死；还有一个说，自己将来必定是法国总统，因为他能背出25个法国城市的名字；最让人称奇的是一个叫戴维的盲童，他认为，将来他肯定是英国内阁大臣，因为英国至今还没有一个盲人进入内阁。总之，

31个孩子都在作文中描绘了自己的未来。

布罗迪读着这些作文，突然有一种冲动：何不把这些作文本重新发到他们手中，让他们看看现在的自己是否实现了50年前的梦想。

当地一家报纸得知他的这一想法后，为他刊登了一则启事。没几天，书信便向布罗迪飞来。其中有商人、学者及政府官员，更多的是没有身份的人……他们都很想知道自己儿时的梦想，并希望得到自己的作文本。布罗迪按地址一一给寄了去。

一年后，布罗迪手里只剩下戴维的作文本没人索要。他想，这人也许死了，毕竟50年了，50年间是什么事都可能发生的。

就在布罗迪准备把这个本子送给一家私人收藏馆时，他收到了英国内阁教育大臣布伦克特的一封信。信中说："那个叫戴维的人就是我，感谢您还为我保存着儿时的梦想。不过我已不需要那个本子了，因为从那时起，那个梦想就一直在我脑子里，从未放弃过。50年过去了，我已经实现了那个梦想。今天，我想通过这封信告诉其他30位同学：只要不让年轻时美丽的梦想随岁月飘逝，成功总有一天会出现在你眼前。"布伦克特的这封信后来被发表在《太阳报》上。他作为英国第一位盲人大臣，用自己的行动证明了一个真理：假如谁能把三岁时想当总统的愿望执着地努力奋斗50年，那么他现在一定已经是总统了。

我们有理由相信，盲童戴维要实现自己的梦想，会比其他30个孩子更艰难。结果戴维成功了，那30个孩子中的大部分人却成了"没有身份的人"。这就是坚持目标与中途偏离目标造成的差别。

人生苦短，我们可能都只有一个50年的机会来对待我们的梦想，那么，是坚持，还是中途偏离，我们还需要犹豫吗？

模仿不应流于形式

模仿说话并不困难，所以大众会立即跟上；模仿判断和创新，就不那么容易了。大部分读者因为找到了同样的衣袍，就错误地认为拥有同样的身材。

——摘自蒙田《随笔·论对孩子的教育》

　　模仿是我们学习的一个过程，我们最初从婴儿开始，就是在不断地模仿中学习和成长起来的。蒙田并不反对模仿，但他认为，我们模仿别人，不应该流于形式，也不应该不顾及自己的实际情况而盲目模仿。就像一件衣服，别人穿着好看，不一定代表自己穿着就一定好看。这里有一个盲目模仿的动物故事。

　　主人养了一头驴和一只哈巴狗。驴子关在栏子里，虽然不愁温饱，却每天都要到磨坊里拉磨，到树林里去驮木材，工作挺繁重。而哈巴狗会演许多小把戏，很得主人的欢心，每次都能得到好吃的奖励。驴子在工作之余，难免有怨言，总抱怨命运对自己不公平。

　　这一天，机会终于来了，驴子扭断缰绳，跑进主人的房间，学哈巴狗那样围着主人撒娇，它又蹬又踢，撞翻了桌子，家里都被它搞得乱七八糟了。

　　这样驴子还觉得不够，它居然趴到主人身上去舔他的脸。这下，可把主人吓坏了，直大喊救命。大家听到喊叫急忙赶到，驴子正等着奖赏，没想到反挨了一顿痛打，被重新关进栏子里。

　　无论驴子多么忸怩作态，都不及小狗可爱，甚至还不如从前的自己，毕竟这不是它所能干的行当。

盲目模仿的故事在人类中也并不少见，在我国被谈论得最多的就是"东施效颦"的故事。

西施是春秋时期越国著名的美女。她天生丽质，娇媚可爱，即使稍用淡妆，衣着朴素，也照样能引来众人惊叹的目光。

西施的同村有一个叫东施的姑娘，她虽然和西施的名字只差了一个字，但样貌却相差了十万八千里。东施很羡慕西施的美貌，只可惜不管她穿上多么漂亮的衣裳，搭上多么鲜艳的胭脂，也不能像西施那样获得人们的一句赞美。为此，她非常苦恼。

一天，西施从东施家门前经过。突然，她从小就有的胸口疼的毛病又犯了。由于疼得厉害，西施只好捂着自己的胸口，皱着自己的双眉。然而即便她这样一副病痛的样子，也还是美得让人挪不开双眼，让路边经过的人都忍不住停下了脚步。

东施也看到了西施皱眉捧心的样子。她豁然开朗：原来西施的美是美在这样一副柔弱的样子。于是东施立刻便想出了一个好方法，认为一定能让自己也获得不亚于西施的赞美。

只见东施换上了西施常穿的那种素淡衣裙，学着西施的样子，皱眉捧心地缓慢走出家门。可是，由于东施的样子实在太丑了，这样装模作样，就更加难看，所以行人们看见她都纷纷走避，看都不敢看她。东施发现自己的计策不但没有奏效，反而带来反效果，只得羞愤地跑回家，立刻换回了自己从前的装束。

每个人都有各自的特点，都有适合自己的工作，也有不适合自己的工作。有这样一个故事：韩国人来到中国的戈壁滩，马上喜欢上了风味独特的蒙古烤肉，于是他们抄走了食谱，回国后急不可耐地如法炮制。遗憾的是，他们用来烤肉的石头，不是被烧裂，就是被烤碎。当然，不是他们笨拙，而是因为他们没有那种石头，那种戈壁滩独有的、生长在恶劣气候里的、冻不碎也烧不裂的好汉石。不顾自己的实际条件，机械地去模仿别人，结果只会是弄巧成拙、越学越糟。

另外，我们在模仿学习的同时，还要"知其然"，更要知其"所以然"，将所学的东西真正内化成自己的东西。

东晋时候，有一个名叫殷浩的人。因为他曾经当过"中军"的官职，所以被人称为"殷中军"。殷浩很有学问，他爱好《老子》《易经》，并能引经据典谈得头头是道。殷浩有个外甥，姓韩，名康伯，非常聪明，也善于谈吐，殷浩很喜欢他。但有一次，殷浩见他正在对别人发表言论，仔细一听，康伯所讲的，完全是抄袭自己的片言只语，套用自己说过的话，没有他个人的创见，却露出自鸣得意的样子，很不高兴，说："康伯连我牙齿后面的污垢还没有得到，就自以为了不起，真不应该。"

蒙田说，学习时应该"把别人的东西变成自己的"。要达到这个目的，正确的做法就是"知识应该同我们合二为一，而不仅仅是我们的房客"。让所学融入我们的思想中，让它拥有主动权，去举一反三、触类旁通。这样的学习才有意义，才会高效。善于创新者，往往是那些能够举一反三、闻一知十，甚至无师自通的人。

第七章
行事有度，结果更完美

"只要战争没有结束就谈不上胜利"

> 打仗只要敌人不倒下，就要重新开始，再接再厉，只要战争没有结束就谈不上胜利。
>
> ——摘自蒙田《随笔·论判断的不确定性》

我们常说行事有度，这个有度，一方面指不可以过分，另一方面则指不可以做得不够。就如蒙田所说："只要战争没有结束就谈不上胜利。"这里有一个挖井的故事：

一位年轻人想要挖一口井，他准备好了工具开始干了起来，很快地，他就在地上挖了一个深坑，可是年轻人没有看到一点水。他心想："这里一定没有水，我换个地方试试吧。"于是他又开始挖第二口井，这次还没挖到第一个井的深度，他就停下来休息了。他看了看周围丝毫没有要出水的迹象，于是他又放弃了。他开始挖第三口井，这次他想："这是我最后的希望，这次我一定深点挖。"于是他挖了很久，比上两口井挖得都要深，可是还是没有看到水。他感到很绝望，他坐在了地上，痛苦地说："我已经尽力了，可我挖不到水呀。"这里真的没有水吗？不是的。离第三口井不到十厘米的地方就潜藏着丰富的水资源。看来成功离这个年轻人很近，只有一步之遥，而恰恰是这一步之遥，让这个年轻人成了失败者。

有时候，我们做一件事情没有成功，不是这件事情做不了，而是我们在失败和挫折面前，丧失了坚持下去的决心。

世间最容易的事就是坚持，最难的事也是坚持。说它容易，是因为只要愿意做，人人都能做到；说它难，是因为真正能够做到的，终究只是少数人。成功在于坚持，这是个并不神秘的秘诀。

古苏格兰国王罗伯特·布鲁斯，六次被入侵之敌打败，失去了信心。在一个雨天，他躺在茅屋里，看见一只蜘蛛在织网。蜘蛛想把一根丝缠到对面墙上去，六次都没有成功，但经过第七次努力，终于达到目的。罗伯特兴奋地跳了起来，叫道："我也要来第七次！"他组织部队，反击入侵者，终于把敌人赶出了苏格兰。

坚持，是一个过程，一个持续的过程。想成一事，就要一件件小事慢慢儿地做，积少成多，正所谓：不积跬步，无以至千里；不积小流，无以成江海。

有位年轻人去微软公司应聘，而该公司并没有刊登过招聘广告。见总经理疑惑不解，年轻人用不太娴熟的英语解释说自己是碰巧路过这里，就贸然进来了。总经理感觉很新鲜，破例让他一试。面试的结果不如人意，年轻人表现糟糕。他对总经理的解释是事先没有准备，总经理以为他不过是找个托词下台阶，就随口应道："等你准备好了再来试吧"。

一周后，年轻人再次走进微软公司的大门，这次他依然没有成功。但比起第一次，他的表现要好得多。而总经理给他的回答仍然同上次一样："等你准备好了再来试。"就这样，这个青年先后5次踏进微软公司的大门，最终被公司录用，成为公司的重点培养对象。

也许，我们的人生旅途上沼泽遍布，荆棘丛生；也许我们追求的风景总是山重水复，不见柳暗花明；也许，我们前行的步履总是沉重、蹒跚；也许，我们需要在黑暗中摸索很长时间，才能找寻到光明；也许，我们虔诚的信念会被世俗的尘雾缠绕，而不能自由翱翔；也许，我们高贵的灵魂暂时在现实中找不到寄放的净土……那么，我们为什么不可以以勇敢者的气魄，坚定而自信地对自己说一声"再试一次"！再试一次，你就有可能达到成功的彼岸！

除了不能坚持以外，有时候我们不能做成一件事情，是由于骄傲自满的心理在作祟。

生活有时候就像一场战争，我们必须把敌人彻底打败，才算真正获得了胜利。如果只是获得了一场战争中某个阶段的胜利，就因此骄傲自满，洋洋自得，很可能就会遭到敌人的反扑。

李嘉毕业之后，进入了一家软件开发公司工作，由于他技术过硬，再加上公司当时缺少高级编程师，所以他顺理成章地被提拔为技术部的总经理，负责软件的开发与应用。

李嘉的手下有30名员工，几乎都是刚参加工作的大学生，既没工作经验，也没有高超的技能，置身其中，博士学位的李嘉有一种鹤立鸡群的优越感！部门内的学习氛围很浓，尤其是张华，遇到技术上的难题，经常请教李嘉。

5年过去了，由于李嘉平时忙于应酬和处理杂务，疏于学习，慢慢地觉得回答起员工提出的技术问题有些吃力，而张华早已不用再请教他了，有时还能指出李嘉编的程序中的某些错误，这些变化让李嘉有点不痛快！

一天，董事长任命张华为技术部的总经理，李嘉以为自己也要升迁了，就来到董事长的办公室，李嘉问道："张华成了总经理，那我怎样安排呢？"

董事长皱了皱眉头，沉思了一会说道："你做他的副手吧！"

李嘉一听差一点跳了起来，他气愤地说道："我可是博士生啊，怎么能给一个大学生当副手！"

董事长说道："那是5年前的博士了，如今软件的更新很快，许多老套的技术早被淘汰了，有些干部安于现状，缺乏创新，已跟不上时代的步伐了，你说对于这些人我该怎么办？"

李嘉一时语塞，不知该怎样回答！时代在进步，科技在发展，我们学到的知识也在不断地打折，如果不注意及时补充和更新，就会落伍，以至于被淘汰！

刚进入公司时，李嘉既有学历又有技术，在与其他同事的较量中可谓大获全胜。可是，由于他就此止步不前，短短5年就被张华赶超了，可见一时的胜负不能代表最终的胜利谁属。要想获得最终的成功，我们不能沉浸在过程中的胜利，而要坚持不懈地努力。

骄傲自满是一座可怕的陷阱，一旦自满，就会限制了自己进一步提高的动力，一旦自满，成功的大门就会关得越来越窄。自满会消耗我们的壮志雄心；自满会让我们在过去的成绩上睡大觉而被别人超过；自满会让我们去要求本不该是自己享受的事物；自满会在一段时间以后彻底地毁掉我们。这绝不是危言耸听。

做事越过界，会有大麻烦

家务、学习、狩猎和其他任何活动，都要做得尽兴，但是也到此为止，越过界线就会遇上麻烦。

——摘自蒙田《随笔·论退隐》

中国有个成语，叫"过犹不及"，是圣人孔子留下来的名言，告诫我们做事情不能过了头，否则就跟做得不够一样，都是不合适的。蒙田的见解也是赞同这种说法的，而且他认为做事情如果越过了界限，还可能会遇上麻烦。

做事情过了头会遇上什么麻烦？最直接的就是会给自己或他人带来痛苦。我们在日常生活中也有这样的体会：工作如果不注意劳逸结合，长期处于疲劳状态，就会没有效率；对领导和朋友如果过于热情，就会有拍马屁、献殷勤和另有所图之嫌；吃饭如果吃得过饱，就会感到撑胀；饮酒如果过量，就会导致酗酒，甚至酒精中毒，等等。

传说太阳神阿波罗的儿子法厄同驾起装饰豪华的太阳车横冲直撞，恣意驰骋。当来到一处悬崖峭壁上时，恰好与月亮车相遇。月亮车正欲掉头退回时，法厄同依仗太阳车辕粗力大的优势，一直逼到月亮车的尾部，不给对方留下一点回旋的余地。正当法厄同眼看着难于自保的月亮车幸灾乐祸时，自己的太阳车也走到了绝路上，连掉转车头的余地也没有了，向前进一步是危险，向后退一步是灾难，最后终于万般无奈葬身火海。

还有一个关于"绿豆糕"的有趣故事。

小王是一家公司的业务员，有一次临沂的邵老板来公司做客。由于临沂是小王所负责的片区，所以理所当然地由小王负责接待他。小王的老家是个小县城，没什么名山胜水，所以，小王的接待工作除了吃，还是吃。邵老板在公司三天，这三天时间里，小王几乎带着他吃遍了各色的地方小吃。而在众多的小吃中，邵老板最喜欢的是本地的一种糕点：绿豆糕。这是潮汕地区的一种传统糕点，外观精致，味道甜而不腻，怪不得邵老板会对它情有独钟。

邵老板对绿豆糕的喜欢小王记在心里。当邵老板要回家时，小王为他准备了一大箱"手信"，其中当然少不了绿豆糕。邵老板对此连声感谢。

从此之后，每当有什么节日，小王都会提前邮寄一些绿豆糕给邵老板。每次出差，也总是带上一些绿豆糕作为"入门笑"。

直到有一次，小王又出差到临沂。晚上跟邵老板吃饭时，小王喝多了，邵老板安排他的业务员小刘送小王回酒店。路上，小刘才告诉他，他给邵老板送了太多绿豆糕，害得邵老板现在一看到绿豆糕就反胃，连他们这些员工都吃怕了……

李嘉诚说他自己的为人处事之道，可以概括为"德、诚、刚、柔、变、和"六字诀，但他真正高明之处正在于巧妙地把握住几者之间的"度"。刚直本是好事，但过于刚直，棱角分明，锋芒毕露，咄咄逼人却往往为世所不容；随和本是好事，但过于随和，丧失原则，缺乏主见，委曲求全又往往被视为软弱。只有外圆内方，刚柔相济，进能攻，退能守，才能在纷繁复杂的人际关系中周旋有术、游刃有余，成为一个举足轻重、魅力与实力并存的人物。

著名作家刘墉曾在一篇文章里写道，"我常常看到电视上的政治谈话节目，话题尖锐，来宾立场鲜明，针锋相对。可是我发现，即使是政客，当他抓住对方弱点，可以穷追不舍、打死为止的时候，却常常问着问着，看对方已经词穷而招架不住时，突然刹车，不再继续。"刘墉曾好奇地问一位政坛高手，为什么会这样？对方这样说："谁赢了，谁输了，谁被问倒了，谁理亏了，观众早看在眼里，何必欺人太甚？今天我抓住了对方的小辫子，给对方留一条生路，改天我处于弱势，落在对方手上，对方也会给我开一条生路，不会太难堪。"

想煮好一锅汤，必须注意掌握火候，慢慢地熬，才能煮出汤的香浓；想喝一杯好咖啡，必须注意火候的不温不火，才能煮出咖啡的浓郁香味；想炒好一盘菜，盐既不能放多也不能放少，必须恰到好处，才能炒出菜的可口。可见，要想事情取得成功，我们必须坚持适度原则。

在一个春天的早晨，房太太发现有三个小偷，她毫不犹豫地拨通了报警电话。就在小偷被押上警车的一瞬间，房太太发现他们都还是孩子，最小的仅14岁！他们本应该判半年监禁，房太太认为不该将他们关进监狱，便向法官求情："法官大人，我请求您，让他们为我做半年的劳动作为对他们的惩罚吧。"

经过房太太的再三请求，法官终于答应了她。房太太把他们领到了自己家里，像对待自己的孩子一样热情地对待他们，和他们一起劳动，一起生活，还给他们讲做人的道理。半年后，三个孩子不仅学会了各种技能，而且个个身强体壮，他们已不愿离开房太太了。房太太说："你们应该有更大的作为，而不是待在这儿，记住，孩子们，任何时候都要靠自己的智慧和双手吃饭。"

许多年后，三个孩子一个成了一家工厂的主人，一个成了一家大公司的主管，而另一个则成了大学教授。每年的春天，他们都会从不同的地方赶来，与房太太相聚在一起。

民谚说："帆只扬五分，船便安；水只注五分，器便稳。"注意分寸、掌握火候，适度才是最好，适度是人生走向辉煌坦途的最佳通道，是事业获取成功的最佳选择。我们在生活、工作中，为人处世都要讲究适度，把握适度，懂得适度。

勇敢和鲁莽仅一线之差

> 勇敢和其他品德一样是有限度的；超越限度就成了缺点。如果辨不清界限，勇敢过了头，就成了鲁莽、固执和疯狂。
>
> ——摘自蒙田《随笔·没有理智地固守一城应受惩罚》

老子在《道德经》里说："勇于敢则杀，勇于不敢则活。"大意是：勇敢到无所不敢为时就会招来杀身之祸；勇敢到有所顾忌时就能保全性命。老子在这里想要告诉我们，真正的勇敢不是恣意妄为、胆大包天，而是敢为却又有所不敢为。

从这个角度来看，勇敢是有一定的限度的，一旦超过了这一限度就会转向反面，就不能称其为勇敢，只能称作鲁莽。

一位数学老师曾对即将参加高考的学生说过这样一段话：

高考试卷中60%是基础题，30%是中等题，10%是拔高题。对于那些拔高题，如果你们将题目认真地看了两遍还一点头绪都没有，那就直接放弃，多花时间在基础题和中等题上，要保证基础题和中等题90%的正确率，这样，你也能交出一份令人满意的答卷。

当时，底下是一片嘘声，学生们对老师的做法感到不解，觉得老师是在误导他们，因为他们都知道，在高考中哪怕是1分对他们也极其重要，1分能压倒一批人，怎么能随随便便放弃哪个题目呢？

其实，这位数学老师的话，正好体现了勇敢和鲁莽的关系：

拔高题对我们大多数人而言都是个难啃的骨头，我们很难做到全对，即使这样，也要花费不少时间和精力，更何况是在考场上，考场上的时间我们谁又耗得起呢？如果将有限的时间消耗在不一定能取得成绩的地方，这不是勇敢，而是鲁莽。对于那些基础题和中等题，特别是中等题，只要我们认真一点，多花点时间，是完全可以保证90%以上的正确率的，以卷面总分150分计算，我们可以至少得到121.5的高分，得到这样的分数，对我们大多数人而言也确实是交了一份令人满意的答卷。所以在考虑自己能力的前提下，将重点集中在自己能够完成的事情上，并且努力不退缩，这才是勇敢。

可见，勇敢和鲁莽，乍看相似，本质却不同。为表现自己或者为了其他原因，不顾后果地去做无益的事，是鲁莽。为了完成有益的事，不怕困难和危险，是勇敢。

下面有两个古代故事，可以帮助我们进一步了解"勇敢"的真正含义：

一个是"毛遂自荐"的故事。毛遂是战国时期赵国贵族平原君的一个门客，他在平原君门下三年，却一直不被重用。一次，赵国的形势万分危急，需要选20个人去楚国求救。平原君挑了又挑，选了又选，最后还缺一个人。毛遂自我推荐，说自己是藏在袋子里的锥子，能随时发出光芒。平原君有些怀疑，但还是答应了。到了楚国，平原君与楚王商讨出兵救赵的事，可是楚王没同意。毛遂看时间不等人，一手提剑就冲到了楚王面前。他把出兵援赵有利楚国的道理，作了非常精辟的分析。毛遂的一番话，说得楚王心悦诚服，答应马上出兵。平原君回到赵国后，待毛遂为上宾。

另一个是"胯下之辱"的故事。汉初名将韩信本是没落贵族，因其性格落拓不羁，难以被世人理解，故而未被选为官吏，但他又不懂得经商之道，所以无以谋生，只能钓鱼换钱维持生计，还常常依靠别人的接济才能勉强度日。因其境遇窘迫，很多人都看不起他。市井中有个年轻人想欺辱韩信，就对他挑衅说："你虽然身材高大，还佩戴长剑，但不过是个懦夫罢了。"又当着众人羞辱他说："不怕死就拿剑杀了我，怕死的话就立刻从我胯下钻过去。"韩信思索了一下，没有拔剑，竟然真的从那人胯下钻了过去。于是围观者大笑，以为他不过是个怯懦之人罢了。对于这件事，韩信后来说："我其实并非真的怕他，而是没有杀他的道理，如果就因为计较些许小事而杀人，那我也不过就是个莽撞的匹夫罢了，还哪里会有我的今天呢？"

毛遂和韩信，谁勇敢？也许很多人都会说是毛遂。确实，毛遂是勇敢的，他虽然一直没有受重用，但没有怀疑自己的能力，而且抓住机会勇敢地表现自己，为自己争取了发出光芒的机会。然而这不代表着韩信不勇敢，忍受"胯下之辱"和众人的不理解，也需要勇气。从这个角度来说，韩信也是勇敢的，他的勇敢在于谨慎与顺应，故而才能够全力以赴，能够专注地做事。而将勇气建立在妄为蛮干的基础上逞强使气，往往就会招致杀身之祸。试想，如果韩信一气之下真的杀了那个挑衅的年轻人，他的人生也许就是另外一番光景。所以说，生活中有许多事情都不是仅凭一味的"勇往直前"就可以取得成功的，经过理智思考做出的决定，往往比头脑发热时的选择更能达到满意的效果。

家喻户晓的电视连续剧《亮剑》里有这样一句台词："不管是什么敌人，都要敢于去打，打得过就打，打不过就跑。"这句话看似说得很"懦弱"，很"无能"，其实说得也很有道理。首先要"打"，打过了才知道自己有哪些长处，有哪些短处，才知道自己是不是敌人的对手。努力了之后，觉得胜利还遥不可及，再作战略性撤退，不做无谓的牺牲，这是明智之举。

不管面对什么样的敌人都敢于去打，不管面对什么样的困难都敢于去克服，这是公认的勇敢。当明知道胜利无望时，能够果断地放弃，及时地调整，寻找新的努力方向，这也是一种勇敢。这种勇敢是蕴含理智的，它像一根弹簧那样发挥了最佳的弹性，却又不过度用力使自己断折。

美德过了分就成了坏事

美德是好事，假若我们怀着过分急切强烈的欲望去抓住它，就会变成坏事。有人说美德不能过分，因为过分就不是美德，他们玩起了文字游戏："追求美德过了头，理智的人可成疯子，正常的人可成痴子。"（贺拉斯）

——摘自蒙田《随笔·论节制》

美德是一种大众所推崇的高尚道德行为，意大利诗人但丁说过："人不能像走兽那样活着，应该追求知识和美德。"美德能够给人积极的助力。美国作家马克·吐温曾经说过："善良是一种世界通用语言，它可使盲人感到，聋人闻到。"美德就像一棵树，既可以洁净空气，又能够供人乘凉，还能给大自然增添一道美丽的风景。然而蒙田在这里却提出了另外一个观点：美德也会是坏事。这不是蒙田在故意说惊人话。

比如同情。同情不幸的人本是美德的一个重要方面。这种同情，可以通过物质的帮助让对方渡过难关，也可以通过精神的安抚让对方重燃生活的斗志。可是，如果我们帮助别人的代价是让对方一次又一次地揭开伤口，这样的行为就不能再称之为美德，而应该是残忍。

一位记者曾跟一家电视台去做一档节目，节目内容是某家单位资助一个贫困不幸小女孩的事。

那家单位，是在一次下乡活动中，偶然听说小女孩的故事的。小女孩三岁那年，在江上跑运输的父母，突然双双遇难，尸首都不曾找到。从此，她跟着年迈的爷爷一起过。故事很悲惨，那家单位萌发了资助小女孩的念头，于是捐了款，送她上学，还不时把她接到单位，让大家轮流带回家住。

这事，渐渐被宣传开来，散出温暖的色彩。关注的人自然多，小女孩因此成了媒体的焦点。

她显然很不适应这样的阵势，面对着摄像头，她低了头，一句话也不肯说。她年迈的爷爷，不住地推着她，丫头，叫人呀，叫叔叔，叫阿姨，感谢叔叔阿姨对你的关心。她仍是一声不吭，只偶尔，抬眼扫一下面前的人，那眼神里，有惊慌，有茫然。

按节目安排，有一个场景，应是小女孩面对父母的遗像，作出悲伤的神情。小女孩父母的遗像被取出来，玻璃镜框里，两张年轻的脸，绽放着如同百合花似的微笑，让人动容。

小女孩却不配合，她看着父母的遗像，没有一点悲伤的意思，甚至，带着漠然。有人轻声地诱导她，你想一想啊，别的小朋友都有爸爸妈妈，而你没有，你不难过吗？你不想他们吗？

小女孩还是很漠然。

这孩子，是不是智商有问题？有人私下嘀咕。节目一直拍不到理想的效果，任你怎么启发，小姑娘的眼睛里，就是没有悲伤。

大家把目光转向这位记者，因为她跟孩子最容易亲近，他们想让她再去启发启发她。当时正是阳春三月，"春在溪头荠菜花"。记者跟小女孩提出，一起去挑荠菜。小女孩高兴地答应了。

提着篮子，她们走在田野边，小女孩像换了个人似的，在记者前面快乐地跳跃着，不时告诉记者这叫什么草，那叫什么花。那片天地，仿佛她是它们的主人。

很快，记者跟小女孩混熟了，问她，想过爸爸妈妈吗？

为什么老要我想爸爸妈妈呢？一丝忧愁爬上小女孩的脸。

这一句问，让记者发了愣：是啊，我们为什么老要让她想她的爸爸妈妈呢？她对他们，是完全没有记忆的，这应是幸事。我们想唤起的，到底是什么？不过是别样的悲伤，好满足了我们的同情。

田野里，一片祥和，花安静地开着，草安静地绿着。记者想，小女孩也是这样的一株植物罢，风或许会吹折她的叶，雨或许会打折她的茎，但生命的顽强，会让她的伤口自己愈合。当春风又吹起的时候，她自会绿起来，她只记得当下的快乐，有什么不好？

当篮子装满荠菜的时候，小女孩告诉记者，秋天的时候，还有枸杞可以摘，红红的果子，可好看啦。

记者望着小女孩，心里涨满感动。那一档节目终因记者的坚持，被取消了。记者只希望，小女孩能安静地生活在她的世界里，人们不要再去碰疼她。

我们的善心应该是温暖的，应该是呵护的，而不是像冷冰冰的镜头那样，无动于衷地只想把别人的伤口暴露出来。

又比如仁慈。举个大家最熟悉的例子，东郭先生和狼的故事，对于这种明知道会反过来害自己的狼，如果也心存仁慈，那就是错施仁爱，是在把自己推入危险的境地。没有原则的善良是对罪恶的纵容，是极其错误的，而放任没有原则的善良乱施，只会给自己带来无穷无尽的麻烦，甚至是伤害。所以，善良虽然是为人处世的基本品质，是我们应该提倡和坚持的，但绝不能将其发展成畸形的过度善良。善良有度，善良才能持久，我们应该谨记。

再比如谦让。谦让是我国自古推崇的美德，是值得我们每一个人都自觉遵行的。然而，过度的谦让并不值得提倡，因为谦让过了头，便是怯懦和被动的表现，是一种性格缺陷。

小光今年五岁，由姥姥一手带大。早在小光蹒跚学步时，姥姥就教育他要学会谦让。比如，孩子在一起玩时，经常发生玩具争夺战，每当此时，姥姥总是很富有"牺牲"精神地抢过小光手中的玩具，递给别的孩子玩儿。久而久之，这种"宁负自己孩子，不负天下孩子"的教育方法，渐渐地使小光失去了与他人抗争的勇气，习惯于拱手相让，逆来顺受。虽然赢得了"谦让""大度"的好名声，可这种"谦让"的美德却成了令幼儿园老师头疼的缺点。老师对小光的评价是：这孩子其他方面都很出色，就是没有好胜心，在各类游戏竞赛中显得很被动。这种性格影响着小光潜能的发挥，严重阻碍着小光的进步。

像两只刺猬取暖那样，保持恰当的距离，可以温暖对方也满足自己；像用沙煲熬汤那样，无论是火的大小还是烧火时间的长短都控制在一定的范围内，才能收获真正的美味。表现美德既是取暖也是熬汤，要掌握好一个度，才会有好的效果。

多一分谨慎，少一分损失

> 不应该要求每件事都遵照我们的意愿，但需遵照审慎的智慧。
>
> ——摘自蒙田《随笔·论祈祷》

根据自己的意志行事，这是许多励志大师鼓励我们去做的事，但它有一个前提，就是我们的意志应该是审慎的、理智的、正确的。古希腊数学家毕达哥拉斯说："三思而后行，以免做出愚事。因为草率的动作和言语，均是卑劣的特征。" 吃鱼不谨慎会扎刺，交友不谨慎会掉入深渊，银行业稍不谨慎就会账目错乱，警察稍不谨慎就会出现错案，医生稍不谨慎就会出现人命，签合同不谨慎会丢钱……行事前多做审慎的思考，不要过分相信自己已有的判断，对我们对别人都是有好处的。

一天傍晚，在加拉巴哥群岛最南端的海岛上，郑洁和七位旅行者由一位当地的年轻人做向导，沿着白色的沙滩前进。当时，他们正在寻找太平洋绿海龟孵卵的巢穴。

小海龟孵出后可长至三百多磅。它们大多在四五月份时出世，然后拼命地爬向大海，否则就会被空中的捕食者逮去做美餐。

黄昏时，如果年幼的海龟们准备逃走，就会先有一只小海龟钻出沙面来，做一番侦察，试探一下如果它的兄弟姐妹们跟着出来是否安全。

郑洁恰好碰到了一个很大的、碗形的巢穴。一只小海龟正把它的灰脑袋伸出沙面约有半英寸。当郑洁的伙伴们聚过来时，他们听到身后的灌木丛中发出瑟瑟的声响，只见一只反舌鸟飞了过来。

"别作声，注意看。"当那只反舌鸟移近小海龟的脑袋时，那位年轻的向导提醒说，"它马上就要进攻了。"

反舌鸟一步一步地走近巢穴的开口处，开始用嘴啄那小海龟的脑袋，企图把它拖到沙滩上面来。

郑洁和伙伴们一个个紧张得连呼吸声都加重了。"你们干吗无动于衷？"一个人喊道。

向导用手压住自己的嘴唇示意小点声，说："这是自然之道。"

"我不能坐在这儿看着这种事情发生。"一位和善的洛杉矶人提出了抗议。

"你为什么不听他的？"郑洁替那位向导辩护道，"我们不应该干预它们。"

"既然你们不干，那就看我的吧！"另一个人打算去帮助小海龟。

争吵声把那只反舌鸟给惊跑了。那位向导极不情愿地把小海龟从洞中拉了出来，帮助它向大海爬去。

然而，后面发生的一切使郑洁他们都惊呆了。不单单是那只获救的小海龟急急忙忙地奔向安全的大海，无数的幼龟由于收到一个错误的安全信号，都从巢穴中涌了出来，涉水向那高高的潮头奔去。

小海龟们不仅由于错误的信号而大量的涌出洞穴，而且它们这种疯狂的出逃为时过早。黄昏时仍有余光，因此，它们无法躲避空中那些捕食者。

刹那间，空中就布满了军舰鸟、海鹅和海鸥。一对秃鹰瞪大着眼睛降落在海滩上。越来越多的反舌鸟追逐着它们那在海滩上拼命涉水爬行的"晚餐"。

"噢，上帝！"郑洁听到身后一个人懊悔地叫道，"我们都干了些什么！"

那位年轻的向导为了弥补这违背自己初衷的恶果，抓住一顶全球帽，把小海龟装在帽子里，费力地走进海水里，将小海龟放掉，然后拼命地挥动手中的帽子，驱赶那一群一群的海鸟。

在短暂而又漫长的捕食之后，空中满是饱餐后的鸟叫声。那两只秃鹰静静地立在海滩上，希望能再逮一只落伍的小海龟作为食物。此时，所能看到的只是潮水冲击着空荡荡的白色沙滩。

大家垂头丧气地沿着沙滩缓缓而行。这帮过于富有人情味的人此时变得沉默了，这肃静包含着一种沉思。

从情感的角度说，看到小海龟被鸟类啄咬而无动于衷，是不可接受的。可是妄自提供帮助，却造成了小海龟大量被捕食，如此惨烈的后果，更让人痛心。动物从远久以来养成的生活习惯不会是没有依据的，一定有它们必须这样做的道理，我们在同情它们之前，更应该考虑尊重它们的生存法则，因为那是几千年积淀下来的智慧，不是我们仅凭十几年积累的知识就能超越的。

谨慎是一种生活的态度和倾向。持有此种态度的人，会对事物做整体的、细节性的考虑，小心评估利弊得失，并且反复思量自己的决定和行动所造成的结果，他们经常是深思熟虑的，注重长期、实质的结果，远超过短期、表面的利益。所以说，"谨慎使得万年船"，"多一分谨慎，少一分损失"。

第八章
待人接物，谨慎呵护人缘好

纯真的友谊不含杂质

> 至善至美的友谊存在于我和拉博埃西之间，因为友谊形形色色，通常靠欲望或利益、公众需要或个人需要来建立和维持；友谊越是掺入本身以外的其他原因、目的和利益，就越不美丽高贵，越无友谊可言。
>
> ——摘自蒙田《随笔·论友谊》

法国有句俗语，说"世界上用得最普遍的名词是朋友，但是最难得到的也是朋友"。是的，对于所有认识的人，我们都可以称之为"朋友"，但彼此之间是否存在真正的友谊，却是一个值得商榷的问题。

蒙田认为，真正的友谊是不能掺含杂质的，应该像他和拉博埃西之间的友谊那样，除了真心地喜欢对方、欣赏对方，不为其他原因、目的或利益而存在。

有一个中年人，由于工作出现严重失误，受了处分，被撤了职。一连几天闷在家里，竟没一个人来看他。一想以前家里经常被前来拜访的人挤满，都自称是自己最好的朋友，而他一被撤职，他们都无影无踪了，让他觉得像一下掉进了冰窟里，倍感世态炎凉。

没想到，第三天的下午，一个同事来家里看他。他们以前交往并不多，关系也一般，他怎么会来看自己呢？原来他出差刚回来，听说了中年人的事，就急急忙忙赶来。那天晚上，他们推心置腹地谈了两个多小时。同事说："在全局，我最佩服的人就是你，因为全局只有你一个人不是大学毕业，全凭自己的能力转了正、提了干，用心干工作。不像有的人，有文凭没能力，庸庸碌碌只能靠关系往上爬。"对中年人刚发生的失误，他说："只有什么事也不想做不敢做的人才不会犯错误，犯了错误接受教训就是了，我相信你今后能干得更好。"他还将出差带回的一些外地土特产送给中年人，让他品尝。当时，中年人很感动，渐渐融化的心里，不断反复念叨着同一句话："他是第一个来看我的人，以后我一定真心和他交朋友……"

一年后，中年人恢复了职务，但心里有伤，工作起来是一副低姿态，比较消沉。一天晚上这位朋友又来他家，提了瓶酒，和他喝了起来。喝酒间，朋友说："你恢复了职务，我很为你高兴，但你没有干工作的劲儿了，这我可不高兴，我就愿意看到你过去认真干工作的样子。如果你能听进我这一句话，咱们就干一杯。"中年人看着他，郑重地点点头，和他碰一下杯，一仰头喝干了。

这之后，中年人渐渐摆脱了心中的阴影，工作做出了成就，得到了提拔，被任命为一个部门的一把手。手里有了实权，他就想回报那位朋友，提拔提拔他。他将这想法跟朋友说了，不想他却直截了当地拒绝了。他说："不、不，我是很想升职，但我会靠努力工作争取。如果我接受了这样的安排，我会瞧不起自己。"看中年人一脸的惊讶，他又说："别生气，请你理解我。"中年人拉住他的手说："好兄弟，我高兴还来不及呢，怎么会生气？这证明了你过去对我的关怀，并非是图日后有什么回报，你是一个真正的朋友啊！"他呵呵笑了："你理解就好，友情可不是用来做交易的啊。"这之后，他们仍在同一个屋檐共事，朋友是下属，中年人是领导。工作中因想法不同有时还发生一些摩擦，但都当面直白地讲清观点，过后谁也不会耿耿于怀，谁也不会心存芥蒂，因为他们是真正的朋友。

生活中有一些人相互称兄道弟，嘴里都说对方是割颈换头的朋友，但实际上是在做感情投资，一旦其中一方升迁，另一人就索取利息来了：让你为他牟取不当利益。如若不满足他，就说你不够朋友。其实这样的人，根本就不是朋友，他们是用友情跟你做交易的"商人"'。

真正的友谊不会是谋取好处的工具，反而在必要时，我们会宁愿舍弃其他利益去保护它。下面这个"流浪汉与第一夫人"的故事向我们展示了友谊的真谛。

丹尼斯是法国巴黎的一位流浪汉。

一天，丹尼斯像平常那样蜷缩在透风的立交桥下，裹着一件破棉袄哼唱着小调。这时，一位典雅而且端庄的富绰女士牵着那8岁儿子的手，从立交桥下走过。当她听到丹尼斯的哼唱声时，她停住了，静静地看着丹尼斯。

见有人正看着自己，丹尼斯有些不自在，就站起身来准备离开。那位女士叫住他，从口袋里掏出两张100欧元的钞票，说："请你先不要离开，行吗？我稍候再过来，我们聊会儿音乐！"

"那好，我收下你的钱，等着你过来！"丹尼斯说。那位女士把儿子送到学校以后就来到了丹尼斯的身边，和丹尼斯一起聊起了音乐。

"你喜欢听布鲁尼的歌吗？"那位女士问他。

"你是说现在已经成为法国第一夫人的布鲁尼吗？说实话我不喜欢她的歌！我觉得她唱得不好，声音太低沉而且拖音太短暂，像是一个不会唱歌的人……"

在聊音乐的时候，丹尼斯隐隐觉得那位女士似乎很面熟，但一时半会儿又想不起来她究竟是谁。那位女士意犹未尽地站起来说："我该走了！非常感谢你陪我聊了这么多！"

"也非常感谢你，已经很多年没有人陪我聊过这么久的天！"丹尼斯说着把手中的钱递向那位女士，"这是还给你的钱！"

"你为什么不收下？我说过这是给你作为陪我聊音乐的回报！"那位女士说。

"可是在我陪你聊音乐的同时，你也陪着我聊了，我怎么还能收你的钱呢？更何况你是在施舍一位流浪汉，而不是在向人购买商品，你完全不需要给我这么多钱！"

那位女士考虑了一会儿，最终还是收回了其中的一张钞票。在那一刻，两人同时露出了相互尊重的笑容。

第二天，那位女士把她的儿子送到学校里之后，再次来到了这个立交桥下面。她从口袋里掏出了一张CD递给丹尼斯。丹尼斯如获至宝般地接过来后，竟然发现上面有卡拉·布鲁尼的签名。

这时，丹尼斯朝那位女士看了又看，越来越觉得眼前的这位女士就是CD封面上的这个人。他先是惊讶，而后小心翼翼地问："难道你就是歌手，也是我们的第一夫人布鲁尼？"

"是我！"那位女士微笑着说，"很高兴你向我提了那么多的建议！"

丹尼斯怎么也没有想到，这位看上去似曾相识的女士竟然就是集歌手、超级名模、法国总统夫人等身份于一身的卡拉·布鲁尼！后来，有人愿意出高价从丹尼斯手中买走那张签名CD，但是都被他拒绝了。"你可以花钱买音乐，但你如何买友谊？"丹尼斯说。

有一次，布鲁尼在街头和流浪汉谈天的场景引起了一位法国媒体记者的注意，他希望能将此作为总统夫人的正面形象展开报道。但是布鲁尼拒绝了："这不是娱乐事件，更不是政治新闻，这只是一份没有身份之别的友谊！"

舍弃利益也要保护友谊，不是因为友谊要求他们这么做，而是他们自发地要如此，因为在丹尼斯和布鲁尼的认识里，友谊是最昂贵的，是不能用金钱或权力去衡量的。这样的友谊才是最纯真的。

真正的友谊就像藏在沙滩里的珍珠，需要我们耐心寻找，细心发现。所以，如果我们发现自己与朋友间拥有这样一份珍宝，一定要好好爱护与珍惜。

朋友的批评助我成长

我的某些朋友或是主动或是应我的要求，有时开诚布公地责备我，批评我，对于一个有教养的人来说，这是一种友爱，比任何其他友爱更有益、更温情。

——摘自蒙田《随笔·论悔恨》

　　蒙田喜欢那些能够开诚布公地责备、批评他的朋友，有时甚至主动要求他的朋友这么做。这是一种非常智慧的做法。因为我们通常很难客观公正地审视自己，即使足够客观公正，也可能会有疏忽的时候，这时，朋友正直的意见，不仅能让我们看到自己的缺点和过失，还给了我们机会在改正中进步。我国第一位国际色彩顾问西蔓女士，就因为朋友的批评才有了今天的成就。

　　西蔓是一个美丽的女子，早年留学美国，研修法学。在大学里，她以善于服装搭配而名扬校园，很多女同学都来向她讨教着装之术。

　　1993年夏天，她利用暑假到香港游玩，与她同行的是少女时代的闺中密友小a，她是个日本留学生。二人在香港这个国际"购物大天堂"疯狂地采买各色物品，当然，最多的还是各式各样的服装。

　　回到宾馆后，小a对她提出了尖酸的批评："你也太不会挑选衣服了，买的这些衣服与自己的肤色很不相配。你看，你的头发是黄的，眉眼是黄的，属于秋色系，而你买的这些衣服要么是蓝的，要么是白的，清一色的冷色调，与你的肤色很不谐调。买衣服不仅要看做工、质地、款式等，最重要的还要看色彩与肤色是不是相吻合。"自己在美国是同学眼中的"服装搭配女神"，没想到在好友这里却成了无情嘲笑的对象，她听后很不舒服。

二人不欢而散。

临上飞机，她收到小a托人带给自己的一本英文专业书籍《colour me beautiful》（《色彩令我美丽》），她随便一翻，立即为之着迷，想不到单单色彩居然有这么多学问。她深深地迷恋上了美丽的色彩世界。

为了寻找色彩之美，她弃法从色，赴色彩学最为发达的日本，潜心学习色彩，开始步入人生最美丽的路。1998年，她回到北京，在繁华的王府井商业街开设了中国第一家色彩工作室——西蔓色彩工作室。

她为中国引进了色彩学，带领国人走进五彩斑斓的色彩世界。为此，她享有诸多荣誉，而且是北京市城市色彩改造专家。多年之后，西蔓女士仍然记得那年夏天以及密友那番近乎"损自尊"的狂贬。正是这些话语和那本色彩专业书，才把她引进奇妙的色彩世界。

我们经常说，生活中到处都是机遇，西蔓无疑就是得到了这份机遇的幸运儿。她的最大幸运，就是拥有一个能够直言劝谏她的好朋友。

一个真心对待我们的朋友，不只是在我们有错的时候及时指出来，他往往更热心于帮助我们改正错误，争取进步。

几年前，丽莎经历了一次糟透了的签名售书活动，这让她从一个不同的角度懂得了朋友的真正含义。

那次活动没有多少人参加，这是让任何一位作者都害怕且尴尬的事情。更糟糕的是，这是丽莎的第一本书《忘记完美》的首次公开活动。尽管我们大量的推介，但只来了两个人。丽莎觉得他们只是刚好来了书店，但他们为我感到遗憾，所以一人买了一本。

丽莎身边摆着用不上的塑料扩音器和一瓶瓶的廉价香槟，独自对着一大堆卖不出去的书发呆。丽莎孤独地坐在她那张小小的作者台旁边，大约坐了1个小时。在连续3个人来问她洗手间在哪儿之后，她收起海报，回家去了。

对于一个具有宏伟梦想的第一次当作者的人来说，这真是非常丢脸的事。

回家路上，丽莎打电话给朋友莎伦，希望能获得一点点同情。她们曾经一起做过销售，丽莎想，如果有谁能理解被拒绝的感受，那就是曾经做过销售的人。

丽莎一口气将自己的苦水倒了出来，希望她能给自己一些溺爱性的安慰。

莎伦没有那样做，反而是深吸一口气后，活像个教官似的对着话筒咆哮起来："丽莎，你做过宝洁公司的销售代表，你老实对我说，在那个书店500米的范围内没有人会买你的书吗？"

她接着说："难道你熬了那么多个夜晚写成这本书，就是为了像个呆瓜一样坐在那里，等着别人向你走来吗？你对这本书的关心，有没有达到让你走出去推销它的程度？"

莎伦不是一个只会教训别人的人。在丽莎第二次签名售书时，她带了3位朋友来参加，并帮助丽莎走遍了整个商场，派发明信片，直至售出了275本书，直至将书店里的存书卖完，直至她们说服书店经理将丽莎的书全部放在门口的桌子上。

是什么让一个人成为我们伟大的朋友？通过西蔓和丽莎·厄尔·麦克劳德的故事，我们不难发现，不是因为他支持和接受我们的行为方式，而是因为他敢于抓我们的痛处，并要求我们做得更好。

接受帮助是对别人的恩惠

如果一方可以给予另一方，那么，接受好处的一方就是给了同伴恩惠。因为双方都想为对方做好事，这愿望比做其他事的愿望更强烈，这样，提供做好事机会的人便是宽容豁达者，同意朋友对他做最想做的事，就是给朋友施恩惠。

——摘自蒙田《随笔·论友谊》

在蒙田的论述中，拥有真正友谊的两个人，接受好处的一方反而是给了同伴恩惠。

作为好朋友，我们都会真心希望能够为对方做各种事情，就像蒙田说的，这个愿望比其他任何愿望都强烈。可是，如果朋友双方都只想给予而不愿接受，就好像两个厨师都要为对方做最美味的佳肴，却不肯品尝对方的作品，这会让两个人都感到乏味和挫败。因此，接受朋友的给予，就像其中一个厨师转换身份做食客，接受另一个厨师的服务与馈赠，这会比挖空心思为朋友做其他事情更有意义。

有这样一对朋友，一个是电脑公司的总裁米先生，一个是公司大厦的看门人波比，他们两个提出要交换心脏，并且因为医生拒绝手术而向法院提出申请，要求法院颁令强制医生执行。

为什么会发生这样的事情呢？原来，波比曾是一个流浪汉。在一个下雪天，米先生见到他，没有给他钱，却带他去喝了一顿热汤。那是他们第一次交谈，说起足球，说起往事，原来他们在高中时曾参加过同一场球赛。

从那一天起他们成了朋友。米先生介绍波比进了自己的公司做门卫，并没有刻意照顾，不过是让他做力所能及的工作。唯一与其他员工不同的是，每个星期三，他们仍会相聚，共进一顿午餐。整整五年，周周如此。直到一个月前米先生因为心脏病而失约，波比才知道他的老朋友的心脏岌岌可危，随时都会停跳，即使给予最好的医药治疗，也最多可维持两三年。于是，他提出来要与朋友交换心脏。

老波比向法庭陈述了自己的理由："他有家庭，还有整个公司上千人在等他开工吃饭；而我无家无业，无儿无女。他的价值远大于我。"

律师问："如果你是总裁而他是门卫，你还会愿意跟他交换心脏吗？"

"不，如果我是总裁，未必会带他在寒天喝热汤。"老波比说，"这些年，他曾经给予我很多，而我唯一能给予他的，就是友谊与我健康的心脏。"

然而没有人愿意相信这份友谊是真实的，这恰恰是因为他们的身份太不对等了。律师因此认为有理由质疑米先生在这场交往中的获益——除了那心脏——倘若不是为了换心，那么他最初与一个流浪汉的循序渐进的友谊到底意义何在？

米先生回答："在我的周围，人人视我为老板，但是没有人肯与我推心置腹，当我是朋友。只有他，波比，他从不奉承我，固执己见，稍不如意就对我暴跳如雷，但他却真正把我当朋友。"

法官最终还是宣布他们败诉——基于众生平等的无上原则，没有一条法律可以强制要求以一个生命的结束来换取另一个生命的延续。

老波比十分沮丧，米先生却淡然地说："我早知道是这样的结局。我知道法庭根本不可能颁布这样的强制令，我也根本不会接受你换心的要求。可是我知道，如果不让你出庭，你无论如何都不会甘心的。"

波比惊愕道："你答应出庭只是为了让我说出那些慷慨激昂的话，让我当一回英雄？"

米先生答："不，是你令我成为英雄。这样，我以后就可以无比骄傲地告诉儿女，不要拿我的成功和职衔去炫耀，而应该引以为豪的是：你们的父亲，曾经拥有一个像老波比这样的朋友。人人都说为友谊能两肋插刀，然而只有他真正做到，他竟然愿意，把自己的心脏给我。"

为了友谊可以两肋插刀，为了友谊可以赴汤蹈火在所不辞，为了友谊可以……这样的豪言壮语我们不仅能说，也许还能英勇地做到。可是，有谁能像米先生那样，忍受世人的质疑，只为了成全好朋友对自己的一份心意？让朋友为我们尽一份心，让朋友为我们做一些事情，证明他在这份友谊里也是有所贡献的，这对朋友是一份恩惠，对我们是一份责任。

留学生周洋就深切体会到了这份恩惠带来的莫大好处。18岁那年，周洋只身来到英国攻读历史。那是一段既令人兴奋又压力重重的时光，除了适应陌生的环境，他还要学会应付父亲去世带来的悲伤。

一天周洋在市场里挑选鲜花，忽然看到一位拄着手杖的老人摇摇晃晃，他赶紧跑过去接过老人手中的一袋苹果，帮助他恢复了平衡。"谢谢你，"老人用约克郡人特有的轻快语调说，"我没事了，别担心。"那对明亮的蓝眼睛洋溢着笑意。

"可以跟你一起走吗？" 周洋问道，"我想确保你的苹果不会过早地变成苹果酱。"

周洋和伯恩斯先生的友谊就这样开始了，伯恩斯先生的微笑和热情很快在周洋的生活中占据重要位置。一路上伯恩斯先生拄着手杖走得非常吃力。到了伯恩斯先生家，周洋帮他把东西放在桌上，然后执意帮他做好晚餐。周洋问伯恩斯先生以后可不可以再来看他，他打算定期来帮忙。

此后周洋每星期定期拜访伯恩斯先生两次，每次总在同样的时间。周洋来时，伯恩斯先生总是坐在椅子中，手杖靠在墙上。他看到周洋总是分外高兴。他们边准备晚餐边聊天。周洋告诉伯恩斯先生他是多么的内疚，因为在父亲去世前整整两周，自己赌气没跟他说一句话。伯恩斯先生有时插几句话，但是大部分时间都在专心倾听。

大约一个月后，有次周洋心血来潮想去看他。走到门前，周洋看到伯恩斯先生正活动自如地在花园里工作，他惊呆了。这怎么会是那个离不开手杖的人呢？伯恩斯先生突然向周洋的方向看来，显然感觉到他的惊讶，很不好意思。

"我知道你怎么想。你第一次在市场看到我时，我刚刚扭伤了脚踝。""可是……从什么时候起，你又能正常走路了？""嗯，我想就是我们初次见面的第二天。""这是为什么？"周洋彻底糊涂了。如果只是为了让自己帮他做几顿饭，显然没有必要这样装可怜。"你第二次来时，我看出你非常不快乐。我知道你来是为了帮助我，如果你知道我没事，恐怕就不会来了。但是你非常需要向人倾诉，你需要一个知道如何倾听的人。"伯恩斯先生说。

周洋本来打算帮助伯恩斯先生，结果却是他帮助了自己。他把自己的时间当作礼物，赠送给了一个需要关心的朋友。

在我们各种各样的祝福中，有一个用得非常多的词，就是"心想事成"。当朋友想为我们做好事的时候，我们的接受，正好是让朋友达成所愿。接受朋友的帮助是我们对朋友的恩惠，而接受帮助也是朋友给我们的恩惠。

"小心翼翼，随时都要防备破裂"

身处一般的友谊中，走路时要握紧缰绳，临深履薄，小心翼翼，随时都要防备破裂。"爱他时要想到有一天要恨他；恨他时要想到有一天会爱他。"奇隆如是说。这一警句，对于我说的那种至高无上的友谊而言，是极其可憎的，但对于普通而平常的友谊，却是苦口良药。

——摘自蒙田《随笔·论友谊》

　　蒙田在这里指出，对待平常的友谊，我们应该"临深履薄，小心翼翼，随时都要防备破裂"。友谊有如一朵小花，必须靠双方的小心培育，才可以开得心花怒放。可是如果一旦忘了施肥，忘了浇水，它也可能立刻就枯萎凋谢。所以要想获得友谊，我们需要精心的呵护和细心的维系。

　　传说，在阿拉伯，有两个朋友在沙漠中旅行，某天他们吵架了，一个还给了另外一个一记耳光。被打的觉得受辱，一言不语，在沙子上写下："今天我的好朋友打了我一巴掌。"然后他们继续往前走。就这样一直走到了沃野，他们决定停下休息，被打巴掌的那位口渴了，就去河边喝水，结果不小心滑进了水里差点淹死，幸好朋友及时赶到，把他救了起来。被救起后，他拿了一把小剑在石头上刻了："今天我的好朋友救了我一命。"一旁好奇的朋友问说：为什么我打了你以后，你要写在沙子上，而现在要刻在石头上呢？另一个笑着回答说：当被一个朋友伤害时，要写在易忘的地方，风会负责抹去它；相反的如果被帮助，我们要把它刻在心里的深处，那里任何风都不能抹灭它。

正如马克思所说："人生离不开友谊，但要得到真正的友谊才是不容易；友谊总需要忠诚去播种，用热情去灌溉，用原则去培养，用谅解去护理。"其实不仅是朋友，对待任何人，我们都应该秉持这样的原则："小心翼翼，随时都要防备破裂。"那么，如何做呢？以下几点需要注意。

第一，平等待人。心理学研究表明：人都有友爱和受人尊敬的需要。都希望自己的自尊心和感情得到尊重，政治和经济权益得到保障，正常私生活不受干涉，人身权利不受践踏。因此，我们在与人相处时必须以平等的态度，对待交往对象，特别是对待地位、职务、学历、学识、能力、财产、身体等条件不及自己优越的人更要放下架子，说话办事平等相待，"礼让三分"，以消除对方的疑虑和不安。而与身份或其他条件比自己高的人相处，也要不卑不亢，有礼有节，既不能妄自尊大，也不能奴颜婢膝，阿谀逢迎，有意讨好。

很多年以前，哈佛校长曾经因为对人的不够尊重，而付出了很大的代价。

有一天，一对老夫妇来拜访哈佛大学的校长。女士穿着一套褪色的条纹棉布衣服，男的穿的是布制的便宜西服。

校长的秘书一看就断定，这两个乡下人根本就不可能与哈佛有什么业务往来。男士轻声说："我们要见校长。"秘书很有礼貌地回答："实在对不起，他整天都很忙！"女士说："这没关系，我们可以等。"

过了几个钟头，他们一直等在那里。秘书只好通知校长，校长十分不耐烦地同意接见他们。见面后，那位女士告诉校长："我们有一个儿子曾经在哈佛读过一年书，他很喜欢哈佛，他在哈佛的生活很快乐。但是在去年，他因意外事故不幸去世。我丈夫和我很想在哈佛校园内为他留一个纪念物。"

对此，校长并没有被感动，反而觉得他们提的要求很可笑，便不客气地说："夫人，我们是不能为每一位在哈佛读过书的人在他死后都立雕像的。如若那样，我们的校园看起来就会像墓地一样。"

女士说："不是，我们不是要竖立一座雕像，而是想为哈佛建一栋大楼。"

校长仔细看了一下他们的装束后，长出了一口气说："你们知不知道建一座大楼要花多少钱？我们学校的每栋建筑物的造价都要超过750万美元。"

这时，那位女士不讲话了。校长很高兴，以为这总算可以把他们打发了。那位女士转向丈夫说："只要750万美元就可以建成一座大楼，那我们为什么不建一所大学来纪念我们的儿子呢？"

随后，斯坦福夫妇离开了哈佛，到了加州，建造了斯坦福大学以纪念他们的儿子。人与人之间的交往，贵在互相尊重，切忌"以貌取人"。俗谚云："不知道哪片云彩有雨。"的确，哈佛校长的教训，是应该深深记取的。

第二，关心他人。心理学研究表明，希望为人所关心、所注意，是一个人不可缺少的需要。人们发现，自婴儿时期起，人的需要经常是在有人注意下获得满足的。因此，"有人注意"就形成了"将获得满足"的符号。例如，小孩往往看到母亲或听到母亲的声音就会停止啼哭，因为他已获得了安全的需要。这个印象一直保持下来，使每个人都渴望得到别人的关心。这就告诉我们，既然人人都有被人关心、注意的需要，那么，一个人在同他人交往的时候，要想得到他人的关心、注意和爱护，就必须考虑到他人也有这种需要，"欲人爱之必先爱人"。

第三，讲信用。孔子在《论语·为政》篇则说："人而无信，不知其可也。"我国东晋哲学家傅子说得更直率，"祸莫大于无信，无信则不知所亲，不知所亲则左右尽己之所疑，况天下乎。"失信则失人心，失人心者必败。讲信用，首要的是信守诺言，做到言行一致，表里如一。即言必信，行必果。为此，我们必须强调不要轻易许诺，不要为了眼前的需要毫无把握地应诺自己无力办到的事，而那种吹牛皮、说大话、哗众取宠的毛病更是要不得的。有一位厂长在承包招标答辩时，以"三年实现利税翻三番""为职工每人解决一套住房"等十件"实事"一举中标，被工人敲锣打鼓，鸣放鞭炮迎进工厂。他上任后尽管采取了许多措施，使厂里经营管理大有改观，但利税翻番谈何容易，所谓十件"实事"更无指望。工人们的期望值得不到满足，情绪逐渐低落，生产形势每况愈下，他责怪工人，引起工人们的强烈不满，最后被工人轰出工厂。尽管这件事情的出现情况错综复杂，但他轻易许诺，不能不说是自己给自己挖了一个不大不小的陷坑。

第四，信任他人。信任就是在对他人全面了解的基础上，给他人以坚定的信任。战国时期，魏文侯赠"礼"就是一个很好的例证。公元前408年，魏文侯拜乐羊为大将，西门豹为副将，率领5万人去打中山国（今河北省定州。）当时乐羊的儿子乐舒在中山国做官。乐羊为了使中山国百姓免遭战争之祸，故围而不攻，限令中山国国君姬窟开城投降。可姬窟一面假意表示投降，一面却派乐舒去请求宽延攻城时间，乐羊则围困三个月未攻。之后，见姬窟无投降诚意，乃下令攻城。由于乐羊战前准备充分，中山国粮草奇缺，人心大乱，一战即败。乐羊凯旋回魏，魏文侯亲自出城迎接，并摆筵席为乐羊庆功。宴席上魏文侯还赐给他两箱"礼物"。乐羊回家打开箱子时发现，箱里全是大臣们弹劾他的奏章。原来在乐羊围城未攻期间，魏国大臣以为乐羊是因父子私情而不攻城，故纷纷上奏弹劾，可魏文侯却对乐羊坚信不疑。乐羊知道这种情况后，深受感动。第二天一早就去向魏文侯谢恩。魏文侯说："我知道，只有你能担当这个重任，才用你不疑。"设想，如果魏文侯听信谣言，不仅会埋没人才，也不会以这样小的代价攻取中山国。

第五，诚实守信。英国大戏剧家莎士比亚对于诚实说得更可谓刻骨铭心："我立身处世，就靠真理和诚实。如果我失去了真理与诚实，就等于和我们的敌人一起击败了我自己。"诚实不仅是做人的美德，也是保持友谊获得成功的基础。实实在在说话，认认真真做事，会得到人们永远的真诚的信赖与尊敬，而这正是那些虚伪好誉之人永远不能得到的。

第六，宽厚。宽厚是融合人际关系的催化剂，它能化干戈为玉帛。宋朝郭进任山西巡检时，有个军校到朝廷控告他，宋太祖召见了那个告状的人，审训了一番，结果发现他在诬告郭进，就把他押送回山西，交给郭进处置。有不少人劝郭进杀了那个人，郭进没有这样做。当时正值北汉国入侵，郭进就对诬告他的人说："你居然敢到皇帝面前去诬告我，也说明你确实有点胆量。现在我既往不咎，赦免你的罪过，如果你能出其不意，消灭敌人，我将向朝廷保举你。如果你打败了，就自己去投河，别弄脏了我的剑。"那个诬告他的人深受感动，果然在战斗中奋不顾身，英勇杀敌，后来打了胜仗，郭进不记前仇，向朝廷推荐了他，使他得到提升。郭进用宽容原谅了军校，军校则用行动报答了郭进。

第七，要理解人。理解是一种换位思考：如果那个人是你，你会期待别人怎么待你，如果那事发生在你身上，你又期待别人怎样来理解你，把自己想要的答案付诸到需要你理解的人身上，那样的理解才会更贴切，更真实，更诚恳，也更友善。

一次，戴尔·卡耐基在电台上介绍《小妇人》的作者时，不小心说错了地理位置。其中一位听众就恨恨地写信来骂他，把他骂得体无完肤。他当时真想回信告诉她："我把区域位置说错了，但从来没有见过像你这么粗鲁无礼的女人。"但他控制住自己，没有向她回击，他鼓励自己将敌意化解为友谊。他自问："如果我是她的话，可能也会像她一样愤怒吗？"他尽量站在她的立场上来思索这件事情。他打了个电话给她，再三向她承认错误并表达道歉。这位太太终于表示了对他的敬佩，希望能与他进一步深交。

多一分理解，就多一分温暖；多一分理解，就多一分感动；多一分理解，就会多一层美好。

在交往中学习，在学习中交往

> 人际关系准则是非常有用的学问。善于交往同优雅和美丽一样，有助于我们步入和接触社会，也就为我们敞开了向别人学习的大门，也可以发掘和推广我们自身，如果我们自身有东西值得别人学习和模仿的话。
>
> ——摘自蒙田《随笔·国王待客的礼仪》

我们与人交往的目的是什么？有的人是为了向他人炫耀自己的优势，有的人则是为了学习他人的优势。炫耀优势的人，其傲慢态度会让别人不喜欢跟他们接近，从而使自己失去炫耀的机会。学习优势的人，其谦逊态度让人们乐于将自己的特长倾囊相授，反而有更多资本在不同的场合去展示，赢得人们的赞扬。

不管是为了赢得更多关注的眼光，还是仅仅为了充实自己的思想与能力，在培养交往能力的时候，少一些显示自己、兜售自己，多一些了解别人，汲取新的知识，对我们来说都是有百利而无一害的。

抗日战争时期，莱德勒少尉服役的美国海军炮艇"塔图伊拉"号停泊在重庆。这天，他兴致勃勃地参加当地举办的一种碰运气的"不看样品的拍卖会"。

那位拍卖商是以恶作剧而闻名遐迩的，所以当拍卖一个密封的大木箱时，在场的人都肯定箱里装满了石头。然而，莱德勒却开价30美元，拍卖商随即喊道："卖了！"打开木箱，里面竟是两箱威士忌酒——战时重庆极珍贵的酒。于是，众人大哗，那些犯酒瘾的人出价30美元买1瓶，却被莱德勒回绝了，他说他不久要被调走，正打算开一个告别酒会。

当时，在重庆的美国著名作家海明威也犯了酒瘾，他找到莱德勒，要求买6瓶酒，价钱随他开。莱德勒想了一下，提出用6瓶酒换对方6堂课，让海明威教他成为一个作家。海明威答应了，然后带走了6瓶威士忌。

接着的5天里，海明威不失信用地给莱德勒上了5堂课。莱德勒很为自己的成功得意，他以6瓶酒得到美国最出名的作家的指点。海明威眨眨眼说："你真是个精明的生意人。我只想知道，其余的酒你曾偷偷灌下多少瓶？"莱德勒说："1瓶也没有，我要全留着开告别酒会用呢。"

海明威有事要提前离开重庆，莱德勒陪他去机场，海明威微笑道："我并没忘记，这就给你上第6堂课。"在飞机的轰鸣声中，他说："在描写别人前，首先自己要成为一个有修养的人……"作家接着说，"第一要有同情心，第二能以柔克刚，千万别讥笑不幸的人。"莱德勒说："这与写小说有什么相干？"海明威一字一顿地说："这对你的生活是至关重要的。"

正在向飞机走去的海明威突然转过身来，大声道："朋友，你在为你的告别酒会发请柬前，最好把你的酒抽样检查一下！再见，我的朋友！"

回去后，莱德勒打开一瓶又一瓶酒，发现里面装的全是茶。

他明白，海明威早就知道了实情，然而只字未提，也未讥笑人，依然遵诺践约。此时，莱德勒才懂得海明威教导他要做一个有修养的人的含义。

人生中非常重要的一个知识，就是要做一个有修养的人，要有同情心，要不去讥笑不幸的人。要学习如何成为一个作家，也许通过一些书本的指导我们就可能达到目的，可是要懂得做一个有修养的人的重要性，很多时候必须有这样的亲身经历才能体会。

在交往中向他人学习，包含很多方面的内容，有可能是学术方面的知识，也可能是一些做人的品格。不要设定范围，始终保持谦逊的态度，让我们像海绵一样不知满足地吸收别人的有用知识，同时也不吝啬于展示自己的才干，这样才能在人际交往的汪洋里畅游无阻。

礼多人也怪

> 我愿意遵守礼仪，但并不是唯唯诺诺，使自己的生活受到束缚。这些礼节中有些形式令人难以忍受，但愿人们有选择地，而不是有偏差地把它们忘掉，这样做并不有失风度。我常常看到，有些人由于过分彬彬有礼，反而有失礼貌，由于过分谦恭，反而令人讨厌。
>
> ——摘自蒙田《随笔·国王待客的礼仪》

关于礼仪，蒙田单独用了一章来进行论说。在他看来，在某些场合讲礼仪是必要的，它可以展示我们的修养和风度。蒙田说："不仅每个国家，甚至每个城市，每个行业，都有其特殊的礼仪。"遵循这些地方的特殊礼仪，体现我们对该地、该行业文化的尊重，有助于我们与周围人们的融洽相处。

一位美国老妇到中国游览观光，对接待她的导游小姐评价颇高，认为她服务态度好，语言水平很高，便夸奖导游小姐说："你的英语讲得好极了！"小姐马上回应说："我的英语讲得不好。"美国老妇一听生气了："英语是我的母语，难道我不知道英语该怎么说？"

看了这个小故事，人们大概都会认为，美国老妇生气的原因是导游小姐忽视了东西方礼仪的差异。的确，西方人讲究一是一，二是二，而东方人讲究的是谦虚，凡事不张扬。导游属于服务行业，导游小姐就要遵循服务行业的礼仪要求，以"顾客至上"的标准服务游客，尊重对方的文化及礼仪。

然而，所谓"入乡随俗"，美国老妇如果也能尊重我们中国的谦虚礼仪，岂不是就不会为了一句客气话而生无谓的气？美国老妇只看到自己国家的礼仪而看不到中国的礼仪，只看到自己享受服务的权利而没看到尊重他人的基本礼仪要求，所以才会给自己招来不愉快。可见有选择而不是有偏差地遵循礼仪，是很有必要的。

礼仪应该是为我们所用，而不应该成为束缚我们的工具，更不应该反过来阻碍我们的人际交往。蒙田说："我常常会忘记这个或那个无谓的规矩，我在家里取消了所有的虚礼。"而且，"我对我最敬重的人最不讲礼节，心里轻松也就走得快，这样步子就忘了矜持。"确实，我们在越是私人的地方，在越是亲密的朋友面前，对礼仪的使用就越是精简到最少。因为礼仪是人际交往中约定俗成的示人以尊重、友好的习惯做法，而在私人空间和亲密朋友面前，我们与对方的沟通已经达到心领神会，礼仪这些外在形式反而成了累赘。生活中，与陌生人打交道也是不能一成不变地讲礼仪的，顽固地谨守礼仪有时候会给自己找麻烦，制造笑话。这里有一个相声段子：

甲向乙叙说一次上厕所引发的笑话。

甲：就因为上厕所，我说话太文明、太礼貌，结果让我吃够了苦头。

乙：（睁大眼睛并摇头）不明白。

甲：当时因为看不到厕所标识牌，我便小声地问服务员——哪里可以洗洗手？

乙：噢，不敢说上厕所——怕服务员说你不文明。

甲：可是，那服务员没明白，她把我引到厨房操作间去了。

乙：可能上厕所要排队，你要洗手，厨房里水龙头多。

甲：唉，一到厨房听到"哗哗哗"的水流声，我更加憋不住了（做身体下弯、双腿抖动）。

乙：你可一定要憋住，那里是厨房。

甲：我连忙走出厨房后，拦住一个清洁工阿姨问——

乙：这下该直接说找厕所了。

甲：这时，我躬着腰问阿姨——

乙：尿憋的，人家以为你躬着腰好讲礼貌哩！

甲：这次我问阿姨，哪里可以方便方便？

乙：阿姨肯定明白你是想上厕所。

甲：可是，我当时说完"方便方便"后，突然觉得里面的"便"字不太文明。

乙：那怎么办？

甲：我又马上对阿姨说，我想找个地方透透气、抽支烟。

乙：有些酒店的厕所，就是指定抽烟的地方。

甲：可这阿姨没带我去厕所。

乙：带你去哪了？

甲：我跟着她走出酒店侧门后，她把我带一个垃圾池前。

乙：带你去哪里干吗呀？

甲：阿姨说那里最透气，抽烟还没人管。

乙：看来这家酒店对抽烟控制得还很严。

甲：我也不抽烟啊。

乙：我知道，你想往外抽水（笑）。

甲：这时，我等阿姨走了后，马上跑往附近一家公厕。

我们常说"礼多人不怪"，可是像甲这样盲目地讲究虚礼，给沟通交流带来阻碍，就不得不让人对这样的"礼"产生怨怪了。

第九章
拆掉思维里的"墙",天下没有纯一事

"一切事情都可以顺着说与反着说"

一切事情都可以顺着说与反着说。

——摘自蒙田《随笔·论判断的不确定性》

蒙田告诉我们："一切事情都可以顺着说与反着说。"比如塞翁失马的故事，顺着说，丢了马，这是一次灾祸，反着说，却也可以是一次幸运，因为走丢的马带回来一匹野马，即是带回来一笔财富。

为什么会出现这种情况呢？这是因为任何事情都是具有两面性的。比如说树叶，向上的一面是光明的、温暖的，但向下的一面却是阴暗的、清凉的。任何一件事情所产生的影响和作用也是如此，都不会只有纯粹好的一面，也不会只有纯粹坏的一面

所以，我们要了解一片完整的树叶，就要同时了解它向上和向下的两个面，我们要了解一个人或一件事情，也要同时了解他们好的和不好的两个面，这样才能得出正确的判断，避免失于片面、武断。

林海父亲的病情加重，县医院的朋友建议他带父亲去市里最好的医院治疗，说那儿有位医生曾是他的同事，让林海找他帮忙。朋友说，这位姓梁的医生1983年卫校毕业，想留在市医院，因为学历低未能如愿。1986年初次主刀，把手术器械缝在了病人的肚子里，挨了处分；1990年，又把病人的一个健康器官当肿瘤割掉了，挨了病人家属的痛打。2002年，和原所在医院的院长关系闹僵了，背井离乡来到市里这家医院。混成这个样子，大家都很同情他。

林海问，这么糟的医生，为什么要找他呢？朋友说，有熟人好办事；你父

亲若在市医院治疗，他一定会照顾的。林海明白了朋友的意思：托他关照，别用他治。

到了市医院，林海先请一位专家给父亲检查。在确定必须住院手术后，才去找梁医生，希望父亲住院后能得到他的关照。梁医生并非林海想象的那样颓废，他满面春风地接待了林海和父亲，还热情地给父亲复查了一次，结果和老专家的诊断一样。

攀谈中，梁医生说起了自己的经历。他1983年，独立完成了第一例手术；1991年，下决心攻读医学硕士，几年下来拿到学位，并在实践中积累了经验，成为县里的主治医生；2002年后，他来到市医院，终于实现了在大城市工作的愿望。一年来，他做了大大小小几十个手术，无一失败。他指着墙上的锦旗，脸上露出骄傲的神情。

林海有些惊讶，他的自我介绍，怎么和朋友说的截然相反呢？见林海疑惑，梁医生笑笑，坦率地承认了自己的那些失败和挫折，他说，其实每个人都有两份履历，一份记载的是处处碰壁，一份记载的是一帆风顺。他只会把前一份履历说给他人，而把后一份履历埋在心里。因为后一份履历使自己自信、乐观，永远看到希望。对一个医生来说，这尤其重要。

生活中，很多人经常感到忧郁、悲观，就是因为他们未曾看到自己成功、顺利的一面，却总是对失败、挫折耿耿于怀。而另一些人经常盲目自信、乐观，则是因为他们只看到事情顺利的一面，却看不到事情另一面的失败、挫折。不能全面地看到自己好与不好的两个面，又怎么能给自己做出一个正确的评价呢？不能客观地看到事情成功与失败的两个方面，又怎么能提高做事成功的概率呢？

任何事情都有两面性，我们不仅要认识到这点儿，还应该利用这点儿，来帮助我们顺利完成事情。

一位木匠师傅带了徒弟几个月后，徒弟开始替师傅在木匠铺里工作。

第一个月，一个中年人抱怨椅子做得太大了，徒弟无言以对。师傅忙解释道："椅子大了，您不仅坐着舒服，而且放在客厅，也显得大方呀！"中年人听了高兴而去。

此后，徒弟小心谨慎。

第二个月，来了个青年人。瞧了瞧自己的货，说："这椅子是不是小了点呀？"徒弟无语，师傅微微一笑："这样一是替您节约成本，再者小而精致，可以点缀任何东西。"青年很乐意地签收了。

徒弟疑惑地问师傅："师傅，你为什么总是为我辩解？"师傅停下来："凡事都有两面性，就如同出门，如果向左走是一条死胡同，向右走也许能走出阳光大道。无论我说什么，都是为了顾客满意，更是为了鼓励你，激励你，教育你！"

从此以后，徒弟不仅钻研技术，使技术精益求精，为人处事更是游刃有余，生意蒸蒸日上！

一件事情的两个方面虽然都是同时存在的，但如果我们强调的方面不同，整件事情呈现出来的面貌就会不一样。在制作商品的时候，我们为了改进和提高，需要重视商品的不足，强调其不好的一面。但在销售商品的时候，我们却应该强调商品的优点，使它呈现最好的面貌，以得到顾客的认同，使顾客愿意购买商品。

妄下定论只能说明我们无知

多少事看上去似乎难以置信，却被许多值得信任的人所证实；即使我们不可能信以为真，至少也应该不下定论；如果指责它们绝无可能，就等于说自己知道可能的界限在哪里，这无疑是自以为是，目空一切。

——摘自蒙田《随笔·按自己的能力来判断事物的正误是愚蠢的》

对于一件我们不熟悉甚至是陌生的事情，正确的做法是保持观察的姿态，不要过早地下评论。因为世间的很多事情都不是一张纸有两个面那么简单，只看到事情的表象就对它的本质下定论，只看到事情的一个侧面就对它的整体作评价，这样的言论只会证明我们的无知与自以为是。

早年在西伯利亚的一个地方，有一对年轻人，婚后生育，太太因难产去世，留下一个孩子。丈夫忙于生活，又忙于看家，没有人帮忙看孩子。因而他训练了一只狗，那狗聪明听话，能咬着奶瓶喂奶给孩子喝，照顾孩子。

有一天，主人出门去了，因遇大雪，当日不能回来。第二天他一到家，狗浑身是血地叫着出来迎接。他立刻把房门打开一看，到处是血，抬头一看，床上也是血，孩子却不见了。主人以为是狗兽性大发，把孩子吃掉了，狂怒之下，拿起刀来向着狗头一劈，把狗杀死了。之后，他突然听到孩子的声音，只见他从床下爬了出来，虽然身上有血，但并未受伤。他很奇怪，不知究竟是怎么一回事。再看看狗身，腿上的肉没了，床底下有一只死狼，口里还咬着狗的肉。原来，狗为了救小主人，与狼拼命厮杀，结果却被主人误杀。

故事中的主人公没弄清事实的经过，就杀死了忠诚护主的狗，不能不说是一场悲剧。所以说，做任何的决定，都要多思多想，不要听到什么或者看见什么就妄下结论。

评价一个人也是如此。未曾接触，道听途说，这样的信息不足以支撑我们对一个人的评价。只有浅层次的接触，没有深入的了解，这样的认识也不足以让我们去全面评价一个人。不管我们一开始掌握了对方多少的信息，不管这些信息给出的评价是肯定的还是否定的，我们最好是暂时把它归零，从一个中间态度去接近对方，了解对方，这时再参考原有的信息，得出的结论才可能较为客观与准确。下面这个故事可供我们参考。

小王是小李所负责部门的新进同事。在见到面之前，小李就对小王有了偏见，原因就在于小王只是一个普通院校毕业生的身份。见面看到小王其貌不扬的样子后，小李更加深了对小王的偏见，对他的态度不冷不热，完全没有对待新同事的热情。

接下来的事，更让小李对他反感。

第二天上班，小李发现昨天放在桌子上的数据分析表不见了。这可是他用三天时间整理出来的，丢了它，不但之前的核算全白做了，就连后面的分析都无法如期进行。情急之下，他忽然想起昨天快下班的时候，自己把桌上的几页纸当作废纸扔进垃圾筐了。抱着最后一丝希望，他一个箭步冲到了垃圾筐。然而里面居然是空的。

小李气急败坏地把秘书叫了进来，质问她谁打扫过自己的办公室。这时，小王一脸憨态地走进来招认，说是他早上提前一个小时到岗，把部门的所有房间都打扫了一遍，小李的垃圾筐也是他倒的。

小李当即就火了。他真想不明白，现在的年轻人都怎么了？就为了积极表现，竟然提前一个小时到岗！还把里里外外的卫生都打扫了。真是多事！

此后的一周时间，小李不得不重新统计那些枯燥又令人头痛的数据。

那段时间里，虽然小李利用一切可以利用的机会在各种场合贬低这个他横竖看不入眼的年轻人，可就在这期间，由于小王做事很勤奋，对别人的求助又总是开心地应允，因此，赢得了领导和同事的认可。

一次，公司要参加一个大型工程的投标，要求小李的部门在很短的时间里做好有关的数据统计，当时正值盛夏，天气燥热，他们连续加了三天班，才在领导要求的时间把统计好的数据报上去。小李刚想放松一下，主管领导却在这时破门而入，气急败坏地把他刚交上去的一沓数据甩在小李面前。原来，是小李忙中出错，在汇总的时候把一组关键的数据弄错了。领导暴躁的吼叫吓得其他同事都躲了起来。这时，竟是小李最不感冒的小王轻轻地走进来，对小李说时间还来得及，由他和别的同事一起先把数据顺一遍，然后再请小李最后审定。小李看看他，禁不住点点头。果然，不到一个小时，小王就把数据送进来了，小李这时也平静了许多，仔细核查好几遍，确认准确无误后，送给了主管领导。

这以后，再看小王，小李的眼光变了。在小李的眼里，他是那么勤奋、敬业，那么与人为善……同时，小李也时常在内心里为自己先前的偏见和刻薄而深深地自责和不安。

就像盲人摸象那样，抓住一点就妄下评论，最终说明的是我们的无知。把仅有的一点儿知识先储存起来，等累积到一定量了再去分析和归纳，那么原来让我们迷惑不解的事情在这时就可能变得豁然开朗了。

做事不止一种方法

> 我们一旦落入曾受过我们侮辱的人之手，而他们又对我们可以恣意报复时，软化他们心灵最常用的方法，是低声下气哀求慈悲与怜悯。然而相反的态度如顽强不屈，有时也可产生同样的效果。
>
> ——摘自蒙田《随笔·收异曲同工之效》

蒙田说出这段话后，还举了例子进一步阐述：

一个是威尔士亲王爱德华的故事，他曾经遭到利摩日人的莫大羞辱，后来他用武力把他们的城市攻了下来。村民包括妇女与儿童高声求他宽恕，还在他脚边跪了下来，然而还是遭受了屠杀；而当他率部进入城内时，看到三位法国贵族怀着非凡的勇气，单独抵抗他的军队，他对这样的勇敢精神不胜钦佩，怒气也煞了下来，礼待这三个人，连带也饶恕了全城的其他居民。

还有一个是伊庇鲁斯君主斯坎德培的故事，他曾追杀手下一名士兵。这名士兵忍气吞声，百般哀求，试图平息他的怒火，最后无奈手握宝剑等待着他。然而这番决心却打消了主人的怒气，看到他准备决一死战，斯坎德培不由非常钦佩，也就宽宥了他。

蒙田在这里是要告诉我们，想要软化一个怒火中烧之人，除了哀求外，强硬也是一种方法。其实，不只是软化一个人，生活中遇到的各式各样的问题，解决起来办法往往都不止一种。从不同的角度出发，可以发现多个不同的切入点、突破口，正像我们说的"条条大路通罗马"一样。下面这个故事可以给我们一点提示。

在王敏住处的下面就是一个公交车站，那里有一路公交车直达她上班的地方，非常方便。她和小区里的很多人选择住在这里，就是图了这个方便。刚住到这里的半年，王敏每天七点半出门去坐车，通常上车后才走几十米，公交车就得停下来。原来前方是一个十字路口，公交车要往左拐个弯才能到达下一站，可是每天的这个时候，红灯都会亮很久，汽车一辆一辆地排队，如果不幸王敏所坐的车排在了队伍最后面，那么还没等走到十字路口边上，就又亮起了下一个红灯。这种情况，她们就得在这里白白浪费将近二十分钟。

车上的乘客虽然都对这种情况习以为常了，可还是会禁不住地感到焦躁，有不太文明的乘客甚至骂起粗话来。看着司机一副无奈的表情，有一天王敏终于开始思索，有没有什么方法可以避开这种难熬的等待。她知道自己的品性，要提前出门是不太做得到的，那就只有选择其他方法了。王敏的眼睛瞄向窗外，马路边的人行道上几乎没有人。她估计了一下两个车站之间的距离，以自己走路的速度来计算，应该也就六七分钟。印象里，经过下一个车站开往公司的公交车有好几路。于是她决定，明天走路到下一站去坐车。

第二天之后，王敏再也无须在空气混浊的公交车上经受等待的痛苦了。她每天走路到下一站坐车，时间节省了，还可以自由选择乘客不那么拥挤的公交车去乘坐。通常走在路上时，她会透过车窗去看原来那路公交车上的乘客，他们跟自己从同一个站点出发，因为被迫等待，脸上的表情急躁而又无奈，而她已经越过他们出发了。

做任何事情都不止一种方法，所以在面对问题时，我们要懂得去寻找别的解决方法。只是，很多时候，好的新方法不容易找。那是因为，我们的思维总是沿着旧的思路走。我们不摆脱旧思维对我们造成的影响，我们就找不到让人满意的新方法。这个时候，如果我们对自己所面对的问题做一个重新界定，换一个角度去看这个问题，甚至是完全颠倒过来看——不仅要跟我们以往看这问题的角度不同，也要和其他人看这问题的角度不同，如此想出来的新方法，也许就非常符合我们的要求。

麦克是一家大公司的高级主管，他面临一个两难的境地。一方面，他非常喜欢自己的工作，也很喜欢跟随工作而来的丰厚薪水。但是，另一方面，他非常讨厌他的上司，经过多年的忍受，他发觉已经到了忍无可忍的地步了。在经过慎重思考之后，他决定去猎头公司重新谋一个别的公司高级主管的职位。猎头公司告诉他，以他的条件，再找一个类似的职位并不费劲。

回到家中，麦克把这一切告诉了他的妻子。他的妻子抱怨说："为什么是要你离开呢？为什么不是你的上司离开呢？"一语惊醒梦中人，麦克的脑海里出现了一个大胆的想法。

第二天，麦克又来到猎头公司，这次他是请公司替他的上司找工作。不久，他的上司接到了猎头公司打来的电话，请他去别的公司高就，尽管他完全不知道这是他的下属和猎头公司共同努力的结果，但正好这位上司对于自己现在的工作也厌倦了，所以没有考虑多久，他就接受了这份新工作。而上司离开后，上司的位置就空出来了。麦克申请了这个位置，结果成功了。

做任何事情都不止一种方法，所以我们不但不应该固执于已经选择的方法，也不应该只懂得使用大众认可的方法。我们在寻找新方法时，要像麦克那样，敢于从完全相反的角度去思考，在最终选择时，则要根据自己的具体情况，选择最适合自己而不是看上去最好的那一种方法。

不要妄想每个人都与自己相同

我采取了一种形式，不会像有些人那样要求大家跟自己一样。我相信，也想象得出，千百种形式不同的生活；跟大家相反的，还更容易相信我们之间的不同，而不是我们之间的雷同。绝对不要求别人跟着我按照同样的条件与原则生活，仅仅从他本身的模式去考虑他这个人，决不把别人扯在一起进行比较。……我爱他们，敬重他们，更因为他们跟我不同。我尤其希望别人评论我们时要区别对待，不要按共同的模式来审视我。

——摘自蒙田《随笔·论小加图》

生活中有一种人，自己喜欢听的歌要求朋友也喜欢听，自己喜欢看的书要求朋友也喜欢看，自己喜欢吃的菜也拼命往朋友碗里堆，自己喜欢的衣服也拼命怂恿朋友去买……在他们眼里，这是独乐乐不如众乐乐；可是在朋友们看来，这是强迫他人与他们雷同。其实，正是兴趣爱好的不同，才显出每一个人的性格特色，如果每个人都统一了，我们看着别人岂不是像看着另一个自己？那该多么吓人啊。

人的兴趣爱好不应该强求一致，生活的具体形式也不应该像印刷那样复制于同一个模板。下面这个真实的故事可以给我们一些启发。

看见她自己带来的医疗转介单时，这位医师并没有太大的兴奋或注意，只是例行地安排应有的住院检查和固定会谈罢了。

会谈是每星期二的下午三点到三点五十分。她走进医师的办公室，一个全然陌生的环境，还有高耸的书架分围起来的严肃和崇高，她几乎不敢稍多浏览，就羞怯地低下了头。

就像她的医疗记录上描述的：害羞、极端内向、交谈困难、有严重自闭倾向，怀疑有防卫掩饰的幻想或妄想。

虽然是低低垂下头了，还是可以看见稍胖的双颊还有明显的雀斑。这位新见面的医师开口了，问起她迁居以后是否适应困难。她摇摇低垂的头，麻雀一般细微的声音，简单地回答：没有。

后来的日子里，这位医师才发现对她而言，原来书写的表达远比交谈容易许多了。他要求她开始随意写写，随意在任何方便的纸上写下任何她想到的文字。

她的笔画很纤细，几乎是畏缩地挤在一起的。任何人阅读时都是要稍稍费力，才能清楚辨别其中的意思。尤其她的用字，十分敏锐，可以说表达能力太抽象了，也可以说是十分诗意。

后来医师慢慢了解了她的成长。原来她是在一个道德严谨的村落长大，在那里，也许是生活艰苦的缘故，每一个人都显得十分的强悍而有生命力。

她却恰恰相反，从小在家里就是极端怯缩，甚至宁可被嘲笑也不敢轻易出门。父亲经常在她面前叹气，担心日后可能的遭遇，或是一些唠叨，直接就说这个孩子怎会这么的不正常。

不正常？她从小听着，也渐渐相信自己是不正常了。在小学的校园里，同学们很容易地就成为可以聊天的朋友了，而她也很想打成一片，可就不知道怎么开口。以前没上学时，家人是少和她交谈的，似乎认定了她的语言或发音之类的有着严重的问题。家人只是叹气或批评，从来就没有想到和她多聊几句。于是入学年龄到了，她又被送去一个更陌生的环境，和同学相比之下，几乎还是牙牙学语的程度。她想，她真的是不正常了。

最年幼时，医生给她的诊断是自闭症。后来，到了专校了，也有诊断为忧郁症的。到了后来，脆弱的神经终于崩溃了。她住进了长期疗养院，又多了一个精神分裂症的诊断。

而她也一样惶恐，没减轻，也不曾增加，默默地接受各种奇奇怪怪的治疗。

父母似乎忘记了她的存在。最初，还每月千里迢迢地来探望，后来连半年也不来一次了。就像从小时候开始，四个兄弟姐妹总是听到爸爸的脚踏车声，就会跑出纠缠刚刚下班的爸爸。爸爸是个魔术师，从远方骑着两个轮子就飞奔回来了，顺手还从黑口袋里变出大块的粗糙糖果。只是，有时不够分，总是站在最后的她伸出手来，却是落空了。

从家里到学校，从上学到上班，她都独立于圈圈之外。直到一次沮丧，自杀的念头又盘踞心头而纠缠不去了。她写了一封信给自己最崇拜的老师。

既然大家觉得她是个奇怪的人，总是用一些奇怪的字眼来描述一些极其琐碎不堪的情绪，也就被认定是不知所云了。家人听不懂她的想法，同学也搞不清楚，即使是自己最崇拜的老师也先入为主地认为只是一堆呓语与妄想，就好心地招来自己的医生朋友来探望她。这就是她住进精神病院的原因。

医院里摆设着一些过期的杂志，是社会上善心人士捐赠的。有的是教人如何烹饪裁缝，如何成为淑女的；有的谈一些好莱坞影歌星的幸福生活；有的则是写一些深奥的诗词或小说。她自己有些喜欢，在医院里又茫然而无聊，索性就提笔投稿了。

没想到那些在家里、在学校或在医院里，总是被视为不知所云的文字，竟然在一流的文学杂志刊出了。

原来医院的医师有些尴尬，赶快取消了一些较有侵犯性的治疗方法，开始竖起耳朵听她的谈话，仔细分辨是否错过了任何的暗喻或象征。家人觉得有些得意，也忽然才发现自己家里原来还有这样一位女儿。甚至旧日小镇的邻居都不可置信地问：难道得了这个伟大的文学奖的作家，就是当年那个古怪的小女孩？

她出院了，并且依凭着奖学金出国了。

她来到英国，带着自己的医疗病历主动到精神医学最著名的Maudsly医院报到。就这样，在固定的会谈过程中，不知不觉地过了两年，英国精神科医师才慎重地开了一张证明没病的诊断书。

那一年，她已经三十四岁了。

这是新西兰女作家简奈特·弗兰的真实故事。她现在还活着，还孜孜不倦地创作，是众所公认当今新西兰最伟大的作家。

如果简奈特·弗兰的故事还不足以说服我们去接受别人与众不同的生活形式，那么我们不妨去观看一部名叫《地球上的星星》的印度电影，小主人公伊翔会用他的亲身经历告诉我们，拥有阅读障碍的他看到的世界跟我们的不一样，如果强迫他向我们看齐，只会抹掉他世界里的光彩，承认并接受他的"不正常"，他会给我们呈现一幅非常美妙的画卷。

伟大体现在平凡中

> 心灵的伟大不是实现在伟大中，而是实现在平凡中。因而从内在来评判我们的这些人，不看重我们在公开活动中的出色表现，认为这只是从淤泥河底溅上来的几颗小水珠。
>
> ——摘自蒙田《随笔·论悔恨》

说到"伟大"，我们可能会马上想到波澜壮阔的大海、雄伟宏大的长城和建立万世功勋的领袖以及他们的光辉事迹，因为他们巨大、崇高和不寻常的表现，让我们惊叹并且佩服。因此我们可能会认为，伟大就是要像这样，能人之所不能，要有宏大的声势和非凡的气势去吸引人们的眼球。

然而，伟大真的只能在这些巨大的、不寻常的人、事、物里才能体现吗？当然不是。伟大更多时候体现在平凡中。许多让我们震惊的、感动的事情，其实都是平凡的事情；许多看上去巨大的、不寻常的事情，其实都是由细小的、平凡的事情组成的。

生活中的每一件平凡事，如果我们去做的时候，都能怀着热爱与责任感，都能出自真心地想把它做好，那么它们的意义就不再是庸俗和平凡，而是到达了伟大的高度。就像下面故事中的这个19岁男孩，他的博爱与责任感，让他稚嫩的身体散发出成熟和伟大的光辉。

在川藏路边，一个叫良多的小乡镇里，孙然被一个背着小孩手挽着首饰的男孩吸引，上前去挑选藏银饰品，并且跟他攀谈起来。

选好饰品付了钱，看见男孩背上的小孩正瞪着大大的眼睛盯着自己瞧，于是孙然就捏了捏他的红脸蛋，对男孩说："你弟弟真可爱啊！"但没想到，小孩却伏在男孩耳边甜甜地叫了声："阿爸……"而男孩也回应了一声："嗯！"

孙然的目光不由自主地在"大男孩"和"小男孩"身上来回打量，因为在刚才的攀谈中他知道，大男孩才19岁，小男孩已经两岁半了。孙然不敢相信地问男孩："他是你的儿子？"

"是的。"男孩憨憨地笑笑，回头看了一眼他的儿子，再用很小的声音对孙然说："他是我从山里捡回来的。"

这时，孙然的眼中泛起了更大的好奇，令男孩不自觉地讲了下去。

原来，前年，男孩去山里打柴，傍晚回家的时候，经过在山路旁边的一户人家时，发现了正在不停啼哭却没人理会的小男孩。男孩去帮他找他的家人，结果在离房子不是很远的地方，发现了倒在地上的两只木桶，和一群正在分食猎物的狼。男孩明白了是怎么回事，于是就立即回到房子抱着孩子下山了。后来，男孩向乡亲们一打听，才知道这孩子是一个老人带的孤儿。可是，孩子连最后的一个亲人也给狼吃了。于是，男孩就收养了这个孩子。由于男孩的阿爸早就过世了，所以男孩就认这个孩子做"儿子"。

"可是，你还这么小，才19岁，连婚都没有结，怎么就愿意收养一个陌生的孩子呢？"孙然觉得不可思议。

"为什么不愿意？他可是我第一个发现的啊！既然是我第一个发现了他，那我就应该把他养大啊！"男孩说。

孙然的心顿然激动得战栗起来。原来，这个男孩——不——是这个19岁的男人，只因为是自己第一个发现这个可怜的孩子，就马上勇敢地、坚决地、不假思索地承担起了这抚养的责任。原来，在他澄净而坚毅的心里，他已然把自己眼前的悲悯化成了一种神圣的责任，并不惜为其操劳一生！这是多么圣洁而博大的爱啊！

伟大并不一定是要改变社会或历史，伟大可以是一种精神力量，一种崇高品质，让人不由自主地被感动，被鼓励。生活中的每一件小事和平凡事，当我们认真地去把它们做好时，它们就具备了这种伟大的力量和品质。

海尔集团总裁张瑞敏说过，把每一件简单的事做好就是不简单，把每一件平凡的事做好就是不平凡。所以，我们如果想要成就伟大，不一定非得去做改变社会、改变历史的大事。我们可以从身边的简单的事、平凡的事做起，做每一件事情都付出真心的努力，把每一件事情都做到最好，那么我们也是在成就伟大，成就不平凡。

把每一件事都做好，这不仅要认真的对待，还要毅力的坚持，要时间的证明。当一件很小很小的事情被长时间地坚持下来之后，它就成了一件了不起的事情。就像苏格拉底要求他的学生每天做一个简单的动作，往前摆手300下，再往后摆手300下，最后能够一年坚持下来的只有柏拉图一个人。这就是将简单变成不简单、将细小变成伟大的力量。

我们每一个希望成就伟大的人，可能都曾经祈祷过，希望自己能够像历史上的伟人一样，做出惊天动地的大事业。可是这个希望能够实现的机会并不大。其实，精彩就在平淡之中，伟大就在平凡之中，我们要成就伟大，可以在平凡的生活中去实现。因为，作为学生，只要我们热爱每一门知识；作为教师，只要我们热爱每一个学生；作为农民，只要我们热爱每一分土地……作为一个普通公民，只要我们心存善念，热爱生活和身边的每一个人，我们就一定能做到爱岗敬业，乐于奉献，博爱无私，成为一个大写的小人物，展现出伟大的人格。

向别人学习，缺点也有教育意义

> 应该把一切都调动起来，取众人之长，因为一切都是有用的，哪怕是别人的愚蠢和缺点，对他也不无教育意义。
>
> ——摘自蒙田《随笔·论对孩子的教育》

向别人学习，这是现代人普遍拥有的认识。只是我们很多人只懂得不停地去学习别人的长处，却不知道别人的短处对我们也很有教育意义，不应该对其无视。

蒙田就认为，别人的愚蠢和缺点也是有用的。培根也曾说，一个人的愚蠢是另一个人的福气。那么，别人的愚蠢和缺点究竟能有什么用处呢？我们先来看下面这个故事。

一天，一只野猪闯进了农民的家猪圈里。

野猪看见猪圈里躺着的几只家猪，不禁诧异地问道："看你们的样子多么像我，你们都是猪吗？"

一只家猪打了个呵欠，懒洋洋地回答说："是啊，我们都是猪。这点还用得着怀疑吗？"

野猪说："你们怎么变得这样懒懒散散、没精打采的，丝毫没有猪的气势和精神，我们在山林里并不是这样的呀！"家猪努努嘴哼道："我们在这儿，吃了睡，睡了吃，有人伺候我们，舒服极了。还要到山林里去干嘛？朋友，你也留在这儿享福吧！"

野猪听了，叹道："哦，原来如此！我得赶快离开这儿，不然我也要变成和你们一样的懒货了！"

古人说，见人恶，即内省，有则改，无加警。别人的愚蠢和缺点，当我们看到了，以之比照自己，如果自己也有同样的缺点，就可以及早发现并改正。例如有的同学有拖延的毛病，但自己却没有意识到，当看到别的同学因为拖延的毛病而没有按时完成作业，结果被老师批评时，这个同学就可能反思自己，从而发现并改掉自己身上同样的坏毛病。即使自己没有别人身上同样的缺点，就像野猪没有家猪身上的懒惰那样，我们也能提高警惕，避免重蹈覆辙。

除了为我们提供规避作用之外，别人的愚蠢和缺点还可以给我们提供智慧，让我们知道什么样的做法是错误的，什么样的做法才是正确的。

季梁是战国后期魏国的大臣，有一天，他对魏国国君安厘王说了一个故事。

有一天，季梁在路上遇见一个人，他正坐着车子朝北而行。那个人告诉季梁说："我想要去楚国。"季梁就问他："楚国在南方，你为什么要朝北走呢？"那个人得意扬扬地回答说："不要紧，我的马跑得很快。"季梁提醒他："马快也不顶用，朝北不是到楚国该走的方向啊！"那个人又说："这也没关系，我的路费多着呢。"季梁又跟他说："路费多也没有用，这样还是到不了楚国的。"可那个人还是说："不要紧，我的马夫很会赶车。"

听到这里，安厘王忍不住叫了起来："天下竟有这样糊涂的人！"

季梁于是说："大王说得对，他的方向一开始就弄错了，所以不管怎么努力，也到不了楚国，相反，只会离楚国越来越远。"说到这里，季梁话锋一转，说："如今大王想要成就霸业，那就应该尽力去争取各国国君的信任才对。然而，大王却想依仗魏国的强大，军队的精良，去攻打赵国。这样的行动越多，就离您建立王业的愿望越远，这不正像那个南辕北辙的人一样吗？"安厘王听了季梁的这番话，于是放弃了想要攻打赵国的计划。

就像安厘王从"南辕北辙"的愚蠢中得到智慧，生活中，我们也可以从很多人犯下的错误中学习到智慧，帮助我们打开思路。比如，数学老师出了一道找规律补全数列的题：（　）（　）8（　）（　）。我们可能很快就写出了正确答案6、7、8、9、10。这时，有一个同学的答案是5、6、8、9、10，是错的。但我们却可以从中得到启发：这个数列的规律，两个数字之间的差除了可以是1之外，还可以是2，答案就是4、6、8、10、12；还可以是3……

另外，就像垃圾是放错地方的资源一样，别人的愚蠢和缺点，有时候也是"放错地方的资源"，如果我们重视它，把它利用得当，缺点也能变为优点，愚蠢也能变为聪明。

有一家大公司，它们经营的是制作胶片。因为工作需要，某个流程是不能见光的，因为那会让胶片曝光，造成报废。于是，在这个流程工作的所有员工，都是盲人。而这些盲人，正好适应了无光操作，而顺利地完成了这个工序。而且用这些盲人工作，也使得这个公司得到了能知人善任的名声，很快，这个公司就成了世界上最大的感光胶片生产企业。它就是著名的柯达公司。

相对于视力健全的人来说，失明是一个人的缺点，可是这个缺点在无光的工作环境下，却占尽了优势。相对于许多常人来说，美国电影《阿甘正传》里的阿甘是智障的、愚笨的，可是他却比许多聪明人生活得更精彩，更成功。可见一个人的愚蠢和缺点并不是完全没有价值的，只要我们善加利用，我们可以将它变为一个闪光的亮点。

消极情绪潜藏惊人力量

恐惧在使我们丧失捍卫责任与荣誉的勇气之后，为了它自己的利益，又会让我们变得无所畏惧，从而显示它的最后威力。

——摘自蒙田《随笔·论恐惧》

在《论恐惧》一文中，蒙田列举了许多例子，说明恐惧能使人失去理性，走向失败甚至灭亡。在这篇文章中，蒙田只用了上面这句话，和一个例子，简略地提到恐惧也能使人产生力量，驱使人们奋不顾身地显示出勇气。然而，正是这一句话，和这一个例子，让我们看到了恐惧的力量——在罗马输给迦太基的第一场激战中，森普罗尼乌斯执政官指挥的一万名步兵惊慌失措，不知道往哪里狼狈逃命，反而往对方的大军冲了过去，奋力突破，杀了大量的迦太基人，原本是一次耻辱的逃亡，却像一场辉煌的胜利，叫敌人付出了同样的代价。这个例子，跟汉将韩信指挥的"背水一战"是多么相似，只不过一个是无意中激发的力量，一个是有意施展的策略。

公元前205年，汉将韩信在打赢魏王豹并灭掉了魏国之后，又率几万军队向东继续挺进，攻击赵国。赵王赵歇和赵军统帅陈余立刻在井陉口聚集20万重兵，严密防守。

赵国谋士李左车对陈余说："韩信这次出兵，一路上打了很多胜仗，可谓是一路威风，现在他又乘胜远征，企图攻下赵国，其势锐不可当。不过，他们运送粮食需经过千里之遥，长途跋涉。现在我们井陉山路狭窄，车马不能并进，汉军的粮草队必定落在后面。这样你暂时给我3万人，从小道出击，拦截他们的武器粮草，断绝他们的供给，汉军不战死也会饿得半死。你再在这里坚守要塞，不与他们交战，他们前不能战，后不能退，用不了几天我们就可以活捉韩信。"

陈余是个迂腐之人，又自以为是，他不听李左车的话，还说："韩信的兵力很少，长途千里赶到这里又精疲力尽，像这样的敌人我们都不敢打，别国会怎么看我们，不是更瞧不起我们了吗？"陈余没有采纳李左车的意见。

韩信探听到消息后，很高兴，庆幸自己碰上了这样一个迂腐的将领。于是就将军队安营扎寨在井陉口30里的地方。到了后半夜，韩信又派精锐骑兵2000人，每人拿一面汉军红旗，从小路爬上附近山头，埋伏起来。然后又派出1万人沿着河岸背水摆开阵势。背水历来是兵家绝地，一旦背水，非死不可。陈余得知消息，大笑韩信不懂兵法，不留退路，自取灭亡。

天亮后，韩信竖起帅旗，大张旗鼓地开出井陉口，赵军立刻迎击，两军激战很久。韩信假装败退，丢盔弃旗向河岸阵地靠拢。陈余则指挥赵军拼命追击。汉军背水而战，非常勇敢。

这时韩信埋伏的2000轻骑兵，见赵军倾巢出击，立即飞奔驰入赵营，拔掉赵国的全部军旗，换上汉军的红旗。

赵军久战不能取胜，也抓不住韩信，想收兵回营，回头一看军营里已全部插起了汉军的红旗，以为赵王已被俘虏，顿时军心动摇，纷纷逃跑。这时汉军两面夹击，赵军大败。士兵们杀死了陈余，抓获了赵王。

我们能看到，不同于罗马步兵逃亡时的突破，韩信所率军队虽然也是处于必败的劣势，但却是韩信有意为之的。因为他知道，自己的军队在数量上和体力上都比不过对方，只有发挥以一当十的本领，才能克敌制胜。而能够让士兵发挥出这种超常力量的方法，就是置他们于绝境，利用对死亡的恐惧，来刺激他们对生存的强烈渴望，从而激发内在的无穷潜力，打破绝境中最薄弱的一面阻力——赵军。

背水之战展示了从恐惧中提取的力量的威力。无独有偶，楚霸王项羽也曾在巨鹿之战中，破釜沉舟利用了同样的力量。有人可能以为，这两次战役的胜利，关键在于士兵们一往无前、视死如归的勇气。可是我们要知道，这股勇气正是士兵们克服死亡恐惧的过程中所产生的力量，也就是我们所说的恐惧的力量。

生活中，当我们被迫处于最恶劣的境地，已经无路可退时，恐惧也会告诉我们，与其坐等灭亡，不如放手一搏。当然，这种盲目的搏杀反击，往往只能向对手讨要一点儿代价，并不一定能让我们脱离困境。所以，我们应该学习韩信和项羽，理智地审时度势，在关键时刻一举发挥恐惧的力量来扭转局势，赢得胜利。

事实上，很多现代人比古人更加懂得如何使用恐惧的力量。许多事业成功者、竞赛场上的胜利者，他们被誉为恐惧专家，就是因为他们不把恐惧看作是阻力，而是把它看成是能使自己获益的积极的动力。在他们看来，在遇到强大的挑战时，恐惧的产生可以增强他们的力量，提高他们的警惕意识，从而保护他们。恐惧就像一个警钟，可以预警任何可能出现的危险，提醒恐惧专家们提前做好抗拒危险的准备。

澳大利亚赛车手阿兰·琼斯曾经说过："承认自己感到有一点恐惧或紧张是没有关系的。你应该承认自己的紧张。在重要的竞赛之前，不承认自己紧张的人是傻瓜。但是取得成功的关键在于，不让紧张的情绪影响你的正常发挥，而应该让它激发你的潜能。应当这样想：尽管我会紧张，但是紧张会使我更强大，更警觉。因此当我激起水花，或跑道上发令枪响起，或口哨声响起的那一刻，我的状态刚刚好。"

赛前的紧张如果得不到正确看待，会阻碍选手的发挥，导致糟糕的表现。但如果正视它，并积极地利用它来激发潜能，我们的比赛状态就会"刚刚好"。

除了恐惧和紧张之外，忧愁、悲伤、愤怒、焦虑、痛苦、憎恨等也都是消极情绪，都可能对我们产生各种各样的阻力。但同样的，它们也能激发我们的潜能，提供给我们超常的力量，关键是看我们有没有从消极情绪中提取力量的本事。

生活不可能永远是积极、明朗的一面，当消极情绪出现时，如果它只对我们产生比较微小的影响，那么我们可以顺其自然地不去多加理会。但如果它的影响非常深，或者时间非常长，就可能使我们的精神委顿，身体机能也失去活力，如此我们就有必要用理智去约束它。用理智约束消极情绪，让自己逐渐恢复正常，这是一般人的做法。许多优秀的人，他们追求更好的结果，就会从消极情绪中探索打开力量之泉的阀门，让自己不仅能快速追上落后的路程，甚至能后来居上地赶超他人。

我们都渴望成功，渴望变得优秀，自然也就渴望能够凝聚更多力量。消极情绪底下蕴藏的这股力量，我们通常容易遗忘。那么从现在开始，让我们把它记录在簿，时常提醒自己不要忘了发掘它、利用它。